"京科惠农"
科技服务平台咨询问答
图文精编 II

罗长寿　孙素芬 ◎ 主编

科学技术文献出版社
SCIENTIFIC AND TECHNICAL DOCUMENTATION PRESS

·北京·

图书在版编目（CIP）数据

"京科惠农"科技服务平台咨询问答图文精编. Ⅱ / 罗长寿，孙素芬主编. —北京：科学技术文献出版社，2022.10
ISBN 978-7-5189-9740-4

Ⅰ.①京… Ⅱ.①罗… ②孙… Ⅲ.①农业技术—科技服务—咨询服务—问题解答 Ⅳ.①S-44

中国版本图书馆 CIP 数据核字（2022）第 199696 号

"京科惠农"科技服务平台咨询问答图文精编Ⅱ

策划编辑：郝迎聪 责任编辑：李晓晨 侯依林 责任校对：张吲哚 责任出版：张志平

出 版 者	科学技术文献出版社
地　　址	北京市复兴路15号　邮编　100038
编 务 部	（010）58882938，58882087（传真）
发 行 部	（010）58882868，58882870（传真）
邮 购 部	（010）58882873
官方网址	www.stdp.com.cn
发 行 者	科学技术文献出版社发行　全国各地新华书店经销
印 刷 者	北京时尚印佳彩色印刷有限公司
版　　次	2022年10月第1版　2022年10月第1次印刷
开　　本	880×1230　1/32
字　　数	130千
印　　张	6.875
书　　号	ISBN 978-7-5189-9740-4
定　　价	68.00元

版权所有　违法必究

购买本社图书，凡字迹不清、缺页、倒页、脱页者，本社发行部负责调换

《"京科惠农"科技服务平台咨询问答图文精编 II》
编委会

主　　任：于　峰

委　　员：秦向阳　龚　晶　郭建鑫　张峻峰

主　　编：罗长寿　孙素芬

副 主 编：郑亚明　龚　晶

编写人员：（按姓氏笔画排序）

　　　　　王金娟　王富荣　余　军　陆　阳　陈　妍

　　　　　孟　鹤　赵瑞芳　曹承忠　魏清凤

前 言

"京科惠农"科技服务平台是北京市农林科学院建设的一个农业科技公益服务平台。平台有一支由百余名具有丰富理论知识与实践经验的农业专家组成的服务团队,服务内容主要包括蔬菜、果树、食用菌、杂粮、畜禽等方面农业生产问题。平台开通以来,除在北京市进行服务应用外,还立足京津冀将服务范围扩展到全国其他29个省、市、自治区,社会及经济效益显著,树立了农业科技咨询的"京科惠农"服务品牌。

在服务过程中,平台积累了大量来自农业生产一线的技术和实践问题,为更好地发挥这些咨询问题对农业生产的指导作用,编者精选了部分问题,并在充分尊重专家实际解答的基础上,进行了文字、形式等方面的编辑加工,使解答尽量简洁、通俗、科学、严谨。本书汇集了蔬菜、果树、粮食作物、花卉、土肥、食用菌、畜牧、水产等不同生产门类的问题,希望通过这些精选的问题更好地传播知识,为农业生产提供参考与借鉴,更好地发挥农业科技的支撑作用。

本书中涉及的农业生产问题的解答,一般是专家对咨询者提出的问题进行针对性的解答,由于农业生产具有实践的现实性、复杂性，所以在参考本书相关解答时，请结合当地的气候、农时和生产实践做出适当调整，避免教条化执行专家解答，这一点请广大读者理解。

本书主要目的是发挥平台的公益性服务作用，通过对农业生产一线遇到的问题进行图文展示，结合专家的详细解答，为用户提供直观的参考。在此，向提供原始图片的平台服务用户表示感谢！其中个别解答是专家经过查阅资料进行梳理、提炼而来，未能标注出处，敬请谅解！对参加平台服务的专家，以及为本书提供指导的各位专家表示感谢！没有你们的辛勤劳动，就没有本书的成稿！

本书撰写受到"北京科技特派员智能响应服务系统与双创服务示范应用"（Z201100008020011）、"北京市农村远程信息服务工程技术研究中心"、北京市乡村振兴科技项目"农业科技远程智能咨询与应答"、北京市财政改革与发展项目"农业信息技术与科技情报研究应用"（GGFZXXS2022）的资助，特此感谢！

鉴于编者的技术水平有限，文中难免存在纰漏，敬请广大读者批评指正！

编　者

2022.6

目 录

第一部分 蔬菜

（一）茄果类 ·· 2

1 河北省承德市网友"越努力越幸运"问：番茄着色不好，是怎么事？ ·· 3
2 北京市房山区网友"道卜峪"问：番茄果实裂果是怎么回事？ ······ 3
3 北京市顺义区网友"下雨的云2821"问：京番308番茄下部叶片卷曲，果实畸形变褐，是什么病，怎么防治？ ················ 4
4 北京市门头沟区网友"羊吞虎"问：小番茄稍微变红就裂果，怎么办？ ·· 5
5 辽宁省盘锦市网友问：大棚里有两株小番茄的中上部叶片细长，排除了病毒病和激素问题，是怎么回事？ ··················· 6
6 辽宁省辽阳市网友"清风"问：京番黑罗汉番茄叶片是不是得病了？ ··· 6
7 北京市房山区梁先生问：番茄果实软腐是什么病，怎么防治？ ······ 7
8 山东省姚先生问：大棚番茄，水分过大，裂果是怎么回事？是不是缺钾肥？ ·· 8
9 北京市通州区王女士问：茄子根茎是怎么回事？ ················ 9
10 湖北省胡先生问：茄子是发生了什么病，怎么防治？ ············ 9
11 辽宁省网友"战"问：茄子底部叶片发黄，是怎么回事？ ········ 10

12 北京市丰台区网友"甲子"问：茄子已经移栽两个月了，不长也不死，是什么原因？ ………………………………… 10

13 河北省网友"越努力越幸运"问：茄子是怎么回事？ ……… 11

14 北京市房山区徐先生问：茄子外边没事，里面烂心，是怎么回事？ … 11

15 北京市通州区王女士问：茄子果实表面不光滑，有很多黄色的麻点，秧子的生长点也发卷、变小，怎么回事？ ……… 12

16 北京市通州区张女士问：青椒果实表面烂了，是什么原因？ … 13

17 北京市房山区李女士问：辣椒果实长得不正常，怎么回事？ … 13

18 北京市通州区王先生问：辣椒有很多蚜虫，怎样防治？ …… 14

19 北京市大兴区刘先生问：辣椒出现斑点是由什么原因造成的，怎么防治？ ……………………………………………… 15

20 北京市门头沟区网友"羊吞虎"问：辣椒叶片发黄、落叶，是浇水太多还是季节原因？ …………………………… 15

21 北京市通州区时女士问：温室种植的辣椒，其叶片上有白斑，是什么病，怎么防治？ ……………………………… 16

22 北京市通州区周先生问：辣椒秆烂了，还长了白毛，是什么病，怎么防治？ ………………………………………… 17

23 北京市通州区时女士问：刚栽不久的辣椒，叶边缘干了，打过一次治蓟马的药，怎么回事？ …………………… 18

24 北京市延庆区毛女士问：辣椒叶片上是什么虫子，怎么防治？ … 19

（二）瓜类 …………………………………………………… 20

25 北京市大兴区网友"五毒液体"问：4月底定植的黄瓜长得很慢，赶不上别人晚种一周的，是什么原因？ …………… 21

26 江苏省网友"风生水起"问：黄瓜叶片是怎么回事？ ……… 21

27 山东省青岛市网友"红太阳"问：黄瓜移栽苗扎根的时候不伸展、叶片发黄，是什么原因？ ………………………… 22

28 北京市通州区高女士问：黄瓜叶片得了什么病，怎么防治？ …… 23

目 录

29 北京市通州区周先生问：黄瓜瓜尖烂了，还有白色透明的东西，是什么病，怎么治？ ……23

30 北京市房山区网友"紫珊瑚"问：黄瓜叶片是怎么回事？ ……24

31 北京市通州区王先生问：西瓜叶片有黑斑，是什么病，怎么防治？ …25

32 北京市怀柔区韩女士问：西瓜挨着根茎部的两片叶的生长状态良好，除了这两片叶，其他的叶都处于萎蔫状态，是怎么回事？ …26

33 北京市大兴区张先生问：嫁接西瓜苗栽上后，在基部长出来像是南瓜叶片，怎么办？ ……26

34 北京市大兴区佟先生问：西瓜是怎么回事？ ……27

35 江苏省张先生问：甜瓜苗定植后，一直不长，而且叶片卷曲，怎么回事？ ……27

36 江苏省陈先生问：甜瓜栽上后，有些苗就变成图中这样了，怎么回事？ ……28

37 北京市怀柔区网友某同志问：西葫芦是发生了什么病，怎么防治？ …29

38 广西壮族自治区网友"海飞果蔬 小王"问：西葫芦弯瓜、一头大一头小是怎么回事？ ……30

39 江苏省某同志问：西葫芦长出来就烂头，是怎么回事？ ……30

40 河北省沧州市网友"芨芨草"问：小南瓜已经结瓜，下雨后从瓜柄开始烂，怎么办？ ……31

41 北京市通州区王女士问：南瓜叶子花叶是得了什么病，怎么防治？ …32

42 北京市门头沟区网友"羊吞虎"问：飞碟瓜结的第一个瓜没长大就掉了，怎么回事？ ……32

43 河北省网友"lph李"问：丝瓜叶片上是什么虫子，怎么防治？ ……33

44 山东省网友"永不言败"问：丝瓜新叶发黄是怎么回事？ ……34

45 北京市门头沟区网友"羊吞虎"问：苦瓜根茎发黄，是施肥多烧死了，还是浇水多涝死了？ ……34

46 北京市大兴区网友"独木桥枫"问：冬瓜苗的子叶长到两大叶时发黄，也不是白根了，怎么处理？ ……35

（三）其他蔬菜 ··· 36

47 江苏省网友"风生水起"问：白菜叶片发黄是什么病，怎么防治？······ 37
48 北京市海淀区网友"吃葡萄"问：白菜叶子干边是怎么回事？··· 37
49 北京市海淀区李女士问：春节后我家里的白菜外叶还很好，但心叶出现干叶、烂叶，是怎么回事？······························ 38
50 辽宁省大连市刘先生问：白菜根部有根瘤，是什么原因，怎么防治？··· 39
51 安徽省陶先生问：大白菜开始包心时叶子都塌下来了，是怎么回事？··· 41
52 北京市房山区臧女士问：架豆秧是由什么造成的叶子发白？······ 41
53 北京市通州区王先生问：豇豆上是什么虫子，怎么防治？········ 42
54 湖北省网友"峰中有韵"问：豇豆苗的叶片有鼓包是怎么回事？··· 43
55 北京市通州区宁先生问：豆角叶片卷曲、发黑是怎么回事？····· 43
56 北京市昌平区网友"tb1532718"问：定植两个月的西兰花没有结球是什么原因？··· 44
57 北京市顺义区网友"林剑"问：西兰花表面发黄是怎么回事？··· 45
58 北京市顺义区某同志问：甘蓝猝倒病如何防治？··················· 46
59 湖北省荆州市网友"小明"问："紫甘2号"不结球，而且很小，长大一点就全开花了，是怎么回事？······················· 46
60 北京市房山区网友"菊民"问：生菜叶发白，根部有些腐烂，该怎么办？··· 47
61 北京市房山区网友"菊民"问：种了几棚生菜，要开始结球了，有些弱，施什么肥好？如何施肥？······················· 47
62 北京市通州区时女士问：生菜上有褐色的病斑，请问是什么病？怎么防治？··· 48
63 北京市延庆区某同志问：生菜根上有瘤子是发生了什么病，怎么防治？··· 49
64 北京市平谷区某同志问：生菜烂了，是发生了什么病，怎么防治？··· 50
65 北京市东城区林女士问：茼蒿叶片不太舒展，是否缺什么元素？··· 51

66 江苏省网友"还没想好"问：茼蒿卷叶，是什么原因？ ………… 52
67 北京市房山区网友"泊兵"问：莜麦菜须根少、菜长不大，是什么原因？ ………………………………………………………… 53
68 北京市顺义区林先生问：芹菜叶片上的黄褐斑是由什么造成的？如何避免？ …………………………………………………… 53
69 北京市平谷区鲍先生问：大葱干尖是怎么回事？ ………… 54
70 北京市通州区吴女士问：大葱是发生了什么病，怎么防治？ … 54
71 北京市房山区穆先生问：大蒜叶子干枯、植株倒伏是什么问题，怎么防治？ ……………………………………………… 55
72 北京市顺义区网友"lit"问：韭菜叶子枯死、烂叶多是怎么回事？ ………………………………………………………… 56
73 北京市顺义区网友"lit"问：春季种植的大红萝卜还没长大就开花了，是怎么回事？ ……………………………………… 57

第二部分　果树

（一）苹果 …………………………………………………… 60

1 北京市大兴区某同志问：苹果树树叶发黄、落叶严重，果实有病斑，是发生了什么病？ ……………………………… 61
2 北京市大兴区网友"河石"问：苹果树叶上有红蜘蛛，防治用什么药好？ …………………………………………………… 62
3 北京市东城区某先生问：苹果果实上有黑斑、掉果，是发生了什么病？ ……………………………………………………… 63
4 北京市密云区网友"zzhu"问：苹果叶片是怎么回事？ … 64
5 北京市门头沟区网友"万达"问：苹果树干开裂，最初裂一道缝，里面是绿色的，然后越来越严重，是怎么回事？ ……… 65
6 湖北省胡先生问：苹果低温停止生长，气温上升又开始长，导致花芽很少，只有树枝顶端有花，是什么原因？ ………… 66

7 山东省济宁市网友"山东济宁老王"问：苹果是发生了什么病，怎么防治？ ……67

8 湖北省胡先生问：苹果叶面上有灰白色的粉状物，是发生了什么病，怎么防治？ ……68

（二）梨树 ……70

9 北京市大兴区梁先生问：梨树上部叶片发黄，慢慢就死了，是怎么回事？ ……71

10 北京市大兴区网友"铮"问：梨裂果是什么原因？ ……71

11 江苏省柳先生问：阴雨天梨在枝头就烂了，该怎么防治？ ……72

12 北京市海淀区李先生问：玉露香梨叶边缘向内枯死，叶子出现破损，这是什么情况，如何防治？ ……73

13 河南省商丘市网友"商丘绿之缘十猕猴桃梨树"问：梨果上长黑点是发生了什么病，怎么防治？ ……75

14 北京市大兴区网友"铮"问：白梨树叶有褐色大斑是怎么回事？ ……76

15 北京市密云区高女士问：红肖梨长满了黑点，还有竖道，是什么原因？ ……76

16 北京市平谷区王先生问：梨树叶片一圈黑色，中间是绿色，落叶，是怎么回事？ ……77

17 北京市海淀区网友"香蕉梨"问：梨煤污病如何防治？ ……78

（三）桃、李、杏 ……79

18 房山区长阳镇刘女士问：桃子果实长成连体畸形是什么原因？ …80

19 北京市平谷区网友"谷"问：桃出现果锈、尖部开裂腐烂等症状，是怎么回事？ ……80

20 北京市房山区网友"爱你国安"问：桃果上有黑点，是发生了什么病，怎么防治？ ……81

目 录

21 山东省济宁市网友"山东济宁老王"问：桃树叶子边缘发黄、干枯，是怎么回事？ ……………………………………… 82

22 北京市顺义区建女士问：桃树卷叶，叶子上还有很多黑虫，怎么处理？ ……………………………………………………… 83

23 湖北省胡先生问：李树叶片卷、发黄，有斑，是发生了什么病，怎么防治？ …………………………………………………… 84

24 河南省网友"石头城"问：嫁接的李子树长得不好，有办法补救吗？ ………………………………………………………… 84

25 北京市房山区网友"泰来"问：李子在枝头逐步变软、腐烂，怎么回事？ …………………………………………………… 85

26 北京市房山区丁女士问：杏树上长小白点，慢慢就枯死了，是什么原因，怎么防治？ ……………………………………… 86

27 湖北省胡先生问：杏树生长不良，拔出后发现须根少，有腐烂，是不是根腐病，该怎么办？ ………………………………… 87

28 北京市海淀区网友问：一棵杏树在雨后死了，根为什么发红？ … 88

29 北京市大兴区网友"肝"问：杏树长得很茂盛，不结果是怎么回事？ …… 89

30 北京市顺义区石先生问：杏树落果是怎么回事？ ………………… 90

（四）樱桃 ……………………………………………………… 91

31 北京市通州区种植户问：樱桃树主干很多叶片和叶芽都干枯了，是怎么回事？ ……………………………………………… 92

32 北京市丰台区网友问：雨天樱桃树叶发黄脱落是怎么回事？ …… 92

33 北京市顺义区杨先生问：为什么高垄栽植的砧木樱桃树主干树叶都黄了？ ……………………………………………………… 93

34 北京市房山区张先生问：樱桃树根部有很多虫蛀的木屑，是什么虫子为害所致，怎么防治？ …………………………………… 94

35 北京市房山区网友"沉默无语"问：3—4月栽的樱桃树先流胶，后叶片变黄、掉叶，是怎么回事？ ………………………… 95

36 北京市大兴区相先生问：樱桃树长得不好，叶片发黄是怎么回事？ … 96
37 湖北省胡先生问：樱桃树是怎么回事？地下铺的白膜防草吗？ … 96
38 天津市刘先生问：阳台盆栽樱桃老叶突然黄叶、卷叶是怎么回事？ …97

（五）葡萄 …… 98

39 新疆维吾尔自治区网友"悠悠草"问：葡萄果实没有成熟就死了，是什么原因？ …… 99
40 北京市房山区吴先生问：巨峰葡萄二次果落了很多，是发生了什么病，怎么防治？ …… 99
41 北京市丰台区网友"甲子"问：葡萄粒上长满了斑点是怎么回事，怎么防治？ …… 101
42 北京市房山区穆先生问：葡萄落叶落果是得了什么病，怎么防治？ … 102
43 北京市丰台区刘女士问：大棚葡萄是发生了什么病，怎么防治？ … 103
44 山西省网友"懂云"问：葡萄缺铁喷了硫酸亚铁效果不好，有什么办法能使叶片快速转绿？ …… 104
45 北京市房山区吴女士问：巨峰葡萄是怎么回事，如何预防？ … 104
46 北京市门头沟张女士问：葡萄叶是发生了什么病，怎么防治？ … 106
47 北京市房山区网友"吴菲房山"问：葡萄有的枝条已死，是发生了什么病，怎么防治？ …… 106

（六）草莓 …… 108

48 北京市海淀区网友"男得糊涂"问：草莓苗子是发生了炭疽病吗？ …… 109
49 北京市昌平区江先生问：草莓叶子发黄发红，像锈一样的颜色，草莓不长大，怎么回事？ …… 109
50 北京市平谷区某同志问：草莓死苗，根是红色的，发生了什么病？怎么防治？ …… 110
51 北京市昌平区某同志问：草莓是发生了白粉病吗？怎么防治？ … 110

目　录

52 北京市朝阳区网友"Jack Frost"问：花盆里种的草莓，叶片边缘发黑，果子绿色时不长，是怎么回事？ ……………… 111
53 湖北省网友"峰中有韵"问：草莓长不大什么原因？ ……… 112
54 北京市大兴区网友"三水城区草莓园"问：露地草莓前期如何合理施肥和用药，如何有效控制成本，减少人工费？ ……… 112

（七）其他果树 …………………………………………… 114

55 北京市房山区张女士问：核桃树叶发黄、干枯，是怎么回事？ …… 115
56 湖北省胡先生问：核桃果子怎么了？ ……………………… 115
57 北京市房山区网友"好运来"问：核桃树是发生了腐烂病吗？刮皮涂过氧乙酸有用吗？ ……………………………… 116
58 河北省沧州市梁先生问：种在泡沫箱里的柿树，叶子发黄，落叶，是怎么回事？ …………………………………… 117
59 北京市丰台区网友"甲子"问：柿树有大量的毛虫，是什么虫，怎么防治？ ………………………………………… 117
60 浙江省温州市萧先生问：阴雨天爱媛柑橘小树新梢发黄，是怎么回事？ ……………………………………………… 119
61 湖北省丹江口市李先生问：柑橘是发生了什么病，怎么防治？ … 119
62 江西省网友"于哥"问：部分柑橘结了几个果，没有结果的长出了好多新枝，用不用修剪？ ……………………… 120
63 北京市顺义区石先生问：枣树几年不结枣是什么原因？ …… 121
64 北京市房山区网友"大海"问：枣树叶都掉了，枣蔫巴了，怎么回事？ ……………………………………………… 122
65 北京市延庆区刘先生问：榛子树叶色发白是怎么回事？ …… 123
66 北京市延庆区刘先生问：榛子叶有褐色斑点且干枯，是什么问题？ ……………………………………………… 123
67 北京市丰台区网友"甲子"问：山楂树得了什么病？大部分树叶都黄了，怎么防治？ ……………………………… 124

68 北京市延庆区网友"行天下(妫梁)"问:白海棠得了什么病,怎么防治? ……125
69 湖北省李先生问:桑葚刚长出来是青色的,为什么还没成熟就变白了? ……126
70 北京市顺义区石先生问:盆栽无花果落果是什么原因? ……127

第三部分 粮食作物

(一)玉米 ……130

1 河北省保定市农民问:玉米新叶有黄条,是怎么回事? ……131
2 北京市海淀区网友"腾达"问:玉米雨后一周出现大面积黄叶、烂心,是什么原因? ……131
3 北京市通州区王女士问:玉米苗都被喜鹊吃了,有什么好的防治方法吗? ……133
4 北京市房山区网友"好运来"问:糯玉米苗长到这个阶段用追肥吗? ……134
5 北京市房山区网友"好运来"问:玉米苗上出现了青虫子,应该打什么药? ……134
6 河北省唐山市石先生问:玉米是得了什么病,怎么防治? ……135

(二)小麦 ……137

7 北京市怀柔区刘女士问:小麦地里野麦子太多了,都超过小麦的高度了,有没有好的办法去除? ……138
8 河北省网友"龙江河北"问:麦子叶尖发黄是怎么回事? ……139
9 河北省沧州市网友"小北"问:小麦是怎么回事? ……139
10 河北省沧州市网友"小北"问:小麦新叶发黄是怎么回事? ……140
11 北京市大兴区某女士问:小麦春季啥时候镇压合适? ……140
12 北京市大兴区刘先生问:怎样判断小麦的返青期? ……141

(三) 其他作物 ·· 142

13 河北省唐山市网友"唐山老侯"问：稻子是发生了什么病害，怎样防治？ ·· 143
14 北京市密云区网友"山里人家"问：高粱是得了什么病，怎么防治？ ·· 144
15 北京市密云区网友"山里人家"问：谷子顶心死了，是得了什么病，怎么防治？ ·· 144
16 甘肃省网友"兰州市高原夏菜存芳"问：红薯是怎么回事？ ······ 146
17 辽宁省农户问：红薯种植过程中需要掐尖吗？ ······················ 146
18 北京市平谷区某同志问：露地种花生，叶子上有黑斑，是得了什么病？怎么防治？ ·· 147
19 北京市大兴区网友"雨润浓庄"问：花生是得了什么病，怎么防治？ ····· 148
20 北京市延庆区李先生问：大豆秧长得正常，豆角也正常，但是豆荚里无大豆是怎么回事？如何避免？ ·· 148

第四部分　花卉

1 浙江省丽水市网友"西米露"问：四季秋海棠得了什么病，怎么防治？ ·· 152
2 北京市昌平区刘先生问：去年没有开花的扶桑长势很好，需要施肥吗？ ·· 153
3 北京市房山区陈先生问：金银花是得了什么病，怎么防治？ ······ 153
4 北京市大兴区网友"福禄超"问：种的花草都被一种植物缠死了，这是什么植物，怎么防治？ ·· 154
5 福建省福州市陈先生问：黄杨叶片枯萎的速度很快，根系有没有问题？ ·· 156
6 北京市海淀区郑女士问：办公室养的蟹爪兰，越长大，上面的叶片越薄，有的都蔫了，是怎么回事？能补救吗？ ·················· 157

7 北京市朝阳区柴先生问：办公室里的金玉满堂结果不多，是怎么回事？ ………………………………………………………… 158
8 山东省网友"栖霞…福源蔬菜"问：杜鹃花的叶子是怎么回事？ … 158
9 北京市大兴区某同志问：龙血树叶片上有斑点是怎么回事？ …… 159
10 北京市房山区丁女士问：前一天晚上花片片上有小白蛾，第二天早上叶片卷起来了，打开卷叶，其变成一条肉虫，是什么虫子？ ‥ 160
11 北京市房山区隗先生问：在路边摆放着的月季花怎样安全过冬？ …………………………………………………………… 161
12 北京市大兴区某先生问：北方地区盆栽桂花为何不易开花？ … 161
13 河北省石家庄市某同志问：山茶掉苞落蕾的原因是什么？ …… 162
14 天津市某同志问：怎样扦插繁殖月季？ ………………………… 162
15 河北省石家庄市马先生问：梅花如何整形修剪？ ……………… 163
16 北京市石景山区王女士问：秋海棠类栽培管护中要注意些什么？ … 163
17 天津市某同志问：水仙开花需要注意什么问题？ ……………… 164

第五部分　土肥

1 山东省网友"风雪之恋"问：腐熟的羊粪含水量控制在多少合适？ … 166
2 北京市大兴区某同志问：小番茄和水果黄瓜施用什么底肥？ …… 166
3 北京市通州区杜先生问：麦冬草适合施用什么肥料？ …………… 167
4 北京市大兴区某同志问：黄瓜缺钾症状有哪些？如何补钾？ …… 167
5 北京市大兴区某同志问：黄瓜缺磷症状有哪些？补磷措施有哪些？ … 168
6 北京市丰台区某先生问：大棚蔬菜土壤盐害产生的原因及防治对策有哪些？ …………………………………………………… 169
7 北京市房山区某同志问：什么是微量元素肥料？常用的有哪些？ … 170
8 北京市大兴区某同志问：什么是铵态氮肥，怎样合理使用？ …… 170
9 北京市房山区某同志问：什么是硝态氮肥，怎样合理使用？ …… 171
10 北京市顺义区某同志问：如何提高氮肥利用率？ ……………… 172

目 录

第六部分　食用菌

1 河北省石家庄市网友"永成"问：杏鲍菇实体腐烂了，如何避免？ ····· 174
2 陕西省汉中市网友"有梦一起来"问：金耳被什么杂菌侵染了？
怎样防治？ ··· 175
3 江西省种植户问：黑鸡枞菌被什么杂菌侵染了？如何防治？ ······ 175
4 江西省张先生问：香菇菌袋被污染了，如何防治？ ················· 176
5 河北省承德市张先生问：香菇菌丝生长慢？如何解决？ ············ 177
6 内蒙古自治区某同志问：羊肚菌土壤被污染了，怎么办？ ········· 178
7 广西壮族自治区网友"凯荣"问：猪肚菌被污染了，怎么防治？ ····· 178
8 吉林省张先生问：部分黑木耳菌袋被杂菌污染了，怎么控制
污染？ ··· 179
9 山东省冠县赵先生问：部分灵芝菌袋被污染了，是什么原因，
如何控制污染，如何防治？ ······································ 180
10 贵州省杨先生问：种植的平菇发现有小菇和死菇，这是什么
原因，如何防治？ ··· 181
11 黑龙江省佳木斯市种植户问：大棚种植灵芝被杂菌污染了，
如何防治？ ··· 182
12 北京市顺义区石先生问：玉米棒适合种植哪些品种的食用菌？ ····· 183

第七部分　畜牧

（一）家畜 ································· 186

1 北京市房山区网友"环保是对地球的慈善"问：绵羊母羊全身
发红是什么病？ ··· 187
2 北京市房山区网友问：小羊眼睛上结痂了，是怎么回事？ ········· 188
3 北京市大兴区刘先生问：发现羊身上有大片发红裸露的伤口，
原因不明，这是什么问题？ ···································· 189

4 北京市房山区网友"环保是对地球的慈善"问：羊得了乳房炎后长蛆了，该怎么办？ 189
5 北京市平谷区某同志问：奶牛泌乳盛期的饲养管理要点是什么？ ... 190
6 北京市房山区某同志问：饲养肉牛，喂养什么粗料比较好？ 190

（二）家禽 192

7 北京市东城区某同志问：市面上购买的鸡蛋蛋黄发红，是不是有问题？ 193
8 北京市通州区某同志问：种植的樱桃树下可以养鸡吗？ 193
9 内蒙古自治区刘先生问：内蒙古地区可以养殖北京油鸡吗？ 193
10 北京市大兴区某同志问：林下养鸡成本高吗？ 194
11 北京市房山区柴先生问：北京油鸡初产蛋是否比其他阶段产的蛋的营养价值高？ 194
12 北京市顺义区某同志问：鸡葡萄球菌病有哪些症状？ 194
13 北京市大兴区某同志问：蛋鸡育雏期有什么注意事项？ 195

第八部分 水产

1 内蒙古自治区王先生问：鱼缸里有水锈似的杂菌，擦过换水后，过一段时间又长出来了，如何处理？ 198
2 北京市海淀区王先生问：鱼缸里硝化细菌放多了，长了好多菌落，会对鱼有影响吗，怎么处理？ 198
3 北京市丰台区某同志问：我见过有人用葡萄直接投喂养鱼，使鱼肉的味道鲜美，脐橙或将脐橙二次加工成饲料，是否可以用于喂养？ ... 199
4 北京市通州区吴女士问：想要调节鱼塘水质，应该怎么操作？ 199
5 北京市房山区范女士问：大口黑鲈可以与鲤鱼、鲫鱼等淡水鱼混养吗？ 200

第一部分 蔬菜

（一）茄果类

第一部分 蔬菜

1 河北省承德市网友"越努力越幸运"问：番茄着色不好，是怎么回事？

北京市农林科学院蔬菜研究所 推广研究员 陈春秀答：

番茄着色不好，一是与品种有关，品种绿果肩容易着色不好；二是高温或低温不利于番茄红素的形成，使着色不好。

2 北京市房山区网友"道卜峪"问：番茄果实裂果是怎么回事？

北京市农林科学院蔬菜研究所 研究员 张宝海答：

番茄裂果，是由花芽分化时条件不适宜造成的畸形果，温度过高、过低，氮肥过多，使番茄生长旺盛都会导致畸形果。此外，番茄秧子营养生长过旺、整枝打叉不够及时，需要加强管理，控水控肥。

3 北京市顺义区网友"下雨的云2821"问：京番308番茄下部叶片卷曲，果实畸形变褐，是什么病，怎么防治？

北京市农林科学院植物保护研究所 研究员 李明远答：

如果番茄只是下部叶片变卷，应该不是染病。一般到了结果后期下部叶片受营养供应不协调影响，往往会卷曲。如果是上部叶片发生卷曲，有可能是病毒病。

至于果实上的斑，有可能是番茄感染了病毒的表现。有人认为被病毒复合侵染的番茄，遇到高温，常会出现这种症状。特别是露地番茄，经常会出现这个问题。由于得病后无法防治，北京多数地方不再种露地番茄。

第一部分　蔬菜

4 北京市门头沟区网友"羊吞虎"问：小番茄稍微变红就裂果，怎么办？

北京市农林科学院蔬菜研究所　推广研究员　陈春秀答：

番茄裂果的原因有以下几个方面。

（1）品种原因：果皮薄的品种易裂果。

（2）浇水原因：灌水不均匀或干旱后突然降雨。

（3）其他原因：柱头受损或氮肥过多，但钙不足，或者由畸形花花柱开裂造成。

（4）环境原因：雨水过多。

可采取以下措施防止裂果。

（1）栽培中适量施用氮肥和钾肥，避免施用的氮肥过多，适时施用钙、硼等微肥，尽量增施有机肥；

（2）控制浇水，防止土壤过干和过湿；

（3）采取小高畦栽培，防止雨水浸泡根部；

（4）选择耐裂品种；

（5）小番茄尽量不要露地栽培，种植在大棚等设施内。

辽宁省盘锦市网友问：大棚里有两株小番茄的中上部叶片细长，排除了病毒病和激素问题，是怎么回事？

北京市农林科学院蔬菜研究所 推广研究员 陈春秀答：

从图片上看，问题叶片出现在植株的中上部，其上部部分叶片已经正常，应该已经出现一段时间了。大棚只有两株出现这种情况，说明是局部出现生理障碍，植株高可能是品种不太纯，可以不予处理。

 辽宁省辽阳市网友"清风"问：京番黑罗汉番茄叶片是不是得病了？

北京市农林科学院植物保护研究所 研究员 李明远答：

从图片看，番茄的问题可能有以下几种。

（1）夜温高，使植株节间长。

（2）由斑潜蝇造成的危害，但是不严重。

（3）早期老叶受到伤害，但不像是传染病。

应对措施如下。

（1）加大夜间放风量。

（2）注意防治斑潜蝇，可以使用斑潜净等农药防治。

（3）遇到天气爆晴时，中午对大棚进行遮阴，防止高温伤苗。

7 北京市房山区梁先生问：番茄果实软腐是什么病，怎么防治？

北京市农林科学院植物保护研究所 副研究员 黄金宝答：

从图片看，像是发生了番茄细菌性软腐病，防治方法如下。

发病初期，摘除病果后，可选用可杀得2000、中生菌素或氯溴异氰尿酸等细菌性药剂防治，但不要混用，可轮换使用3~4次，间隔期7~10天。

收获后及时清除病残体，深翻土壤，减少病源；尽量实行轮作，如再种番茄，可采用高畦种植，合理密植，保持通风透气；加强肥水管理，合理灌溉，增施磷、钾肥，提高植株长势；避免阴雨天或露水未干时进行整枝；防治日灼和害虫蛀果。

8 山东省姚先生问：大棚番茄，水分过大，裂果是怎么回事？是不是缺钾肥？

北京市农林科学院蔬菜研究所 研究员 张宝海答：

水分过大、不均衡，温差过大，任何品种都可能出现裂果。缺钾主要影响果色，缺钙才容易导致裂果。后期施钾过多，会影响钙吸收，也可能会裂果。阴雨严重时，棚外可能向棚内洇水，棚内表层土是干的，但深层土已经很湿润了，番茄根系深广发达，吸水很容易。

第一部分 蔬菜

9 北京市通州区王女士问：茄子根茎是怎么回事？

北京市农林科学院植物保护研究所 研究员 李明远答：

从图片看，是被地膜热气熏的。用黑地膜时茄子根茎问题特易出现。

10 湖北省胡先生问：茄子是发生了什么病，怎么防治？

北京市农林科学院植物保护研究所 研究员 李明远答：

从图片看，茄子叶片有白点，是发生了茄子白粉病，可以使用防治茄子白粉病的农药，如苯醚甲环唑、丙环唑等。

11 辽宁省网友"战"问：茄子底部叶片发黄，是怎么回事？

北京市农林科学院植物保护研究所 研究员 李明远答：

从图片看，是发生了茄子黄萎病，与重茬、粪中带菌、浇冷水等有关，最好的防治法是嫁接。

12 北京市丰台区网友"甲子"问：茄子已经移栽两个月了，不长也不死，是什么原因？

第一部分 蔬菜

北京市农林科学院蔬菜研究所 研究员 张宝海答：

光照少、气温低、土壤温度低、水大等都会影响茄子生长。

13 河北省网友"越努力越幸运"问：茄子是怎么回事？

北京市农林科学院蔬菜研究所 研究员 张宝海答：

从图片看，茄子是由于开花时没授上花粉造成的。

14 北京市房山区徐先生问：茄子外边没事，里面烂心，是怎么回事？

北京市农林科学院植物保护研究所 研究员 李明远答：

从图片看，属于茄子的一种生理病害。其一般是在茄子果实生长初期，由缺水导致缺钙引起，且随着果实的长大而加重。病害的发生往往和品种、水分供应、气候条件有关。

15 北京市通州区王女士问：茄子果实表面不光滑，有很多黄色的麻点，秧子的生长点也发卷、变小，怎么回事？

北京市农林科学院蔬菜研究所 推广研究员 陈春秀答：

根据图片和描述，初步判断是由红蜘蛛或茶黄螨为害造成的。

建议在定植之前，对温室内土壤及环境进行消毒，减少病虫害；发生红蜘蛛、茶黄螨后，要及时打药，可以用哒螨灵、阿维菌素、乙螨唑等药剂进行防治；环境温度不要过高，保持在 28~32℃；土壤不要过干，保持湿润。

16 北京市通州区张女士问：青椒果实表面烂了，是什么原因？

北京市农林科学院蔬菜研究所 推广研究员 陈春秀答：

从图片看，是发生了青椒脐腐病。主要原因：干旱、缺水；氮肥过多，钾肥少；土壤板结，不利于吸收水分、养分。建议：多施有机肥，保持土壤湿润，小水勤浇，多施钾肥。

17 北京市房山区李女士问：辣椒果实长得不正常，怎么回事？

北京市农林科学院蔬菜研究所 推广研究员 陈春秀答：

从图片看，青椒果实没有发育好，原因有三点：①青椒在果实膨大期缺水、干旱，使果实不能正常膨大；②温度低，果实膨大缓慢；③在果实膨大期追肥过少，营养缺乏，或者由追肥不及时造成营养不良，从而出现畸形果。

建议以后在田间管理方面注意以上关键时期，避免畸形果的出现。

18 北京市通州区王先生问：辣椒有很多蚜虫，怎样防治？

北京市农林科学院蔬菜研究所 推广研究员 陈春秀答：

首先在辣椒蚜虫危害初期就要进行防治，不要等严重了再防治；其次，避免干旱，应小水勤浇，保持土壤湿润，可以降低蚜虫的繁殖速度、危害能力。

药剂防治可以选择阿维菌素、10%吡虫啉可湿性粉剂1500

倍液、25% 杀灭菊酯乳油 1000～2000 倍液、25% 快杀灵乳油 1000 倍液喷雾防治。7 天喷施 1 次，连续防治 3 次。

19 北京市大兴区刘先生问：辣椒出现斑点是由什么原因造成的，怎么防治？

北京市农林科学院植物保护研究所　副研究员　黄金宝答：

从图片看，是发生了辣椒病毒病。由于病毒病没有治疗药剂，只能用菌克毒克等病毒药剂防止传染。杀死蚜虫和减少人为接触传播，对防治病毒病有很好的效果。

20 北京市门头沟区网友"羊吞虎"问：辣椒叶片发黄、落叶，是浇水太多还是季节原因？

北京市农林科学院蔬菜研究所 研究员 张宝海答：

8月进入秋季，是适合辣椒生长的时期。辣椒坐果有周期性的特点，一般情况下，老椒一开始变红，新叶和新椒就会出现新的生长。图中辣椒已经变红，应该焕发新的生机，因此现在这种情况不太正常。

如果浇水过多，应该是发生了涝害，导致辣椒落叶。从图片看，种植的花盆偏小，勤浇水是必要的，浇水时间最好选在晴天的早上。正常情况下蒸腾很快，不会形成涝害，可以多浇些水。切记晚上不能浇大水，因为晚上蒸腾少，会沤根。

21 北京市通州区时女士问：温室种植的辣椒，其叶片上有白斑，是什么病，怎么防治？

北京市农林科学院植物保护研究所 研究员 李明远答：

从图片看，是发生了辣椒白粉病，但目前状态较难防治。辣椒白粉病是由内丝白粉菌引起，看到白粉就为时较晚了，目前还没有免疫品种。

防治用药：可用丙环唑 1000 倍液、40% 氟硅唑 10 000 倍液加百菌清 600 倍液或 10% 苯醚甲环唑 1000 倍液。为避免病菌产生抗药性，可加入 75% 百菌清可湿性粉剂 600 倍液或 40% 代森锰锌 400 倍液。7 天 1 次，连喷 3 次。

22 北京市通州区周先生问：辣椒秆烂了，还长了白毛，是什么病，怎么防治？

北京市农林科学院蔬菜研究所 推广研究员 陈春秀答：

从图片看，是发生辣椒菌核病。主要是由棚室内湿度大、通风不良，夜间结露引起的。

解决方法：①定植前进行土壤消毒，减少病源；②不与叶菜类套种；③注意放风排湿，减少结露，浇水时间选择在上午 9—10 时为宜，浇水后闭棚升温，使温度达 32～33 ℃，维持 2 小时再放风，能有效降低大棚（温室）空间湿度；④药剂防治，用 50% 多菌灵可湿性粉剂、速克灵可湿性粉剂、扑海因可湿性粉剂、乙烯菌核利可湿性粉剂等药剂进行防治。

23 北京市通州区时女士问：刚栽不久的辣椒，叶边缘干了，打过一次治蓟马的药，怎么回事？

北京市农林科学院蔬菜研究所 推广研究员 陈春秀答：

辣椒叶片边缘干枯的主要原因：①如果是普遍现象，是由放风不当造成的，即温度高，突然放风，使叶片失水，或者放底风口，冷空气快速进入，辣椒苗不能适应而出现叶片边缘干枯；②用药量过大，或者打药时温度过高导致的。

建议：①温度高时放风，不要开大风口，要逐渐由小变大；②外界温度不足15 ℃时，不要开底风口；③冬季选择在晴天上午打药，夏季选择在清晨或傍晚打药，减少因为温度过高而出现药害问题；④在配药时，要严格按照药剂的说明，不要自行加大药剂浓度。

24 北京市延庆区毛女士问：辣椒叶片上是什么虫子，怎么防治？

北京市农林科学院植物保护研究所 推广研究员 石宝才答：

从图片看，辣椒上的是甜菜夜蛾，可用甲维盐或除虫脲进行防治，还可用多角体病毒防治。防治应尽量提早进行，防效较好，等虫子进入老龄或化蛹期再防治，效果会降低，甚至很差。

（二）瓜类

第一部分 蔬菜

25 北京市大兴区网友"五毒液体"问：4月底定植的黄瓜长得很慢，赶不上别人晚种一周的，是什么原因？

北京市农林科学院蔬菜研究所 研究员 张宝海答：

这种现象是可能出现的：4月下旬温度偏低，地温低出苗慢，低温可能对幼苗造成了伤害，影响了正常生长，别人晚种一周，温度更合适黄瓜生长，可能就比早种的高。此外，黄瓜生长还和场地条件、管理有很大关系，过湿、过旱都会影响其正常生长。

26 江苏省网友"风生水起"问：黄瓜叶片是怎么回事？

北京市农林科学院植物保护研究所 副研究员 黄金宝答：

从图片看，可能是发生了黄瓜泡泡病，属于细菌性病害的可能性较大。可选用可杀得2000、中生菌素、多抗霉素或氯溴异氰尿酸等药剂防治，不要混用，可轮换使用3～4次，间隔7～10天。

27 山东省青岛市网友"红太阳"问：黄瓜移栽苗扎根的时候不伸展、叶片发黄，是什么原因？

北京市农林科学院蔬菜研究所 研究员 张宝海答：

从图片看，是由天气炎热，温度过高导致的，但不严重，等天气凉爽以后就会恢复生长。注意缓苗以后，在保证土壤深层有水的情况下，不在根茎处浇水，否则容易沤根、发生病害。

28 北京市通州区高女士问：黄瓜叶片得了什么病，怎么防治？

北京市农林科学院植物保护研究所 副研究员 黄金宝答：

从图片看，可能是发生了黄瓜霜霉病。防治黄瓜霜霉病，应加强棚室管理，尽量减少"明水"的产生，可用烯酰吗啉、克露、普力克、吡唑醚菌酯等药剂防治。一定要在晴天上午打药，打完药提温后再放风。

29 北京市通州区周先生问：黄瓜瓜尖烂了，还有白色透明的东西，是什么病，怎么治？

北京市农林科学院蔬菜研究所 推广研究员 陈春秀答：

从图片看，是发生了黄瓜菌核病。主要原因是棚内湿度大，通风不良。黄瓜结瓜后，夜间结露在黄瓜花上，造成花烂，逐步引起黄瓜烂头，从而发生菌核病。

解决方法：①定植前进行土壤消毒，减少病源；②不要与叶菜类套种；③加强温度、湿度控制，注意放风排湿，减少黄瓜叶面结露。浇水时间选择在上午9—10时为宜，浇后闭棚升温，使温度达32～33℃，维持2小时再放风，能有效降低大棚（温室）空间湿度；④药剂防治：用50%多菌灵可湿性粉剂、速克灵可湿性粉剂、扑海因可湿性粉剂、菌核利可湿性粉剂等药剂进行防治。

30 北京市房山区网友"紫珊瑚"问：黄瓜叶片是怎么回事？

北京市农林科学院蔬菜研究所 推广研究员 陈春秀答：

从图片看，造成黄瓜叶片出现干枯斑点的原因包括药害、蓟马为害，或者是由于湿度大、温度过高，使黄瓜叶片迅速失水，或者棚膜滴下的水滴温度高，滴到叶片上造成叶片损伤。

31 北京市通州区王先生问：西瓜叶片有黑斑，是什么病，怎么防治？

北京市农林科学院植物保护研究所 副研究员 黄金宝答：

从图片看，西瓜叶片上的病斑可能是霜霉病和炭疽病。霜霉病可用凯润、烯酰吗啉、普力克等药剂防治；而炭疽病可用已唑醇、凯润等药剂防治。

32 北京市怀柔区韩女士问：西瓜挨着根茎部的两片叶的生长状态良好，除了这两片叶，其他的叶都处于萎蔫状态，是怎么回事？

北京市农林科学院植物保护研究所 副研究员 黄金宝答：

从图片看，是发生了西瓜枯萎病。枯萎病是土传病害，最好的防治方法是嫁接，现在这种状况，只能用药剂防治，可使用多菌灵、苯醚甲环唑、吡唑醚菌酯等药剂灌根，可使用最高浓度，但效果也不会太理想。

33 北京市大兴区张先生问：嫁接西瓜苗栽上后，在基部长出来像是南瓜叶片，怎么办？

第一部分　蔬菜

北京市农林科学院蔬菜研究所　推广研究员　陈春秀答：

这种现象在嫁接西瓜苗生长过程中是常见的。西瓜嫁接砧木，在苗期或定植后都会出现侧芽生长，及时发现并去除，避免长大，与西瓜争夺养分，影响西瓜生长。

34 北京市大兴区佟先生问：西瓜是怎么回事？

北京市农林科学院植物保护研究所　研究员　李明远答：

从图片看，是发生了西瓜腐霉，一般是个别现象，与伤口有关，应及时清除。

35 江苏省张先生问：甜瓜苗定植后，一直不长，而且叶片卷曲，怎么回事？

北京市农林科学院蔬菜研究所 推广研究员 陈春秀答：

通过图片及微信交流，了解到甜瓜定植后，棚内夜间温度一直在 3～4 ℃，在这种温度条件下，甜瓜苗肯定会受到冷害。建议定植后在大棚内加盖小拱棚，提高保温性；白天尽量提高大棚内的温度，提高蓄热能力，确保苗不被冻死；可以在夜间点燃加热块加热，有效缓解低温带来的冷害。

36 江苏省陈先生问：甜瓜栽上后，有些苗就变成图中这样了，怎么回事？

北京市农林科学院蔬菜研究所 推广研究员 陈春秀答：

从图片看，甜瓜苗是发生了茎基腐病。主要原因：首先，定植后棚内和土壤温度低、茎基部湿度大，从而引起茎基腐病；其次，甜瓜苗根系很少，不发达，加之定植后定植水过多，地温低，影响缓苗，土壤表面湿度大，也容易引发茎基腐病。

补救措施如下。

（1）白天提高棚内温度，加强放风，降低湿度；

（2）定植水不要过多，一般先点水定植，等5天缓苗后，再浇缓苗水；

（3）已死的苗尽早拔除，使用杀菌剂消毒后，再补苗。

37 北京市怀柔区网友某同志问：西葫芦是发生了什么病，怎么防治？

北京市农林科学院植物保护研究所 副研究员 黄金宝答：

从图片看，是西葫芦灰霉病，防治方法如下。

（1）用药前，摘除病果、病花和病叶，尽量除净；

（2）药剂可用啶酰菌胺（凯泽）、速克灵、嘧霉胺、克得灵或咯菌腈等，应在晴天上午使用，喷完药后，关闭风口，待提高6～8℃后再放风，风口应从小逐渐变大。另外，上述几种药可轮换使用，尽量不混用，5～7天施用1次，连续防治2～3次。

38 广西壮族自治区网友"海飞果蔬 小王"问：西葫芦弯瓜、一头大一头小是怎么回事？

北京市农林科学院蔬菜研究所 研究员 张宝海答：

从图片看，是果实营养不足引起的。生产中最好选择耐弱光、耐低温的西葫芦品种；种植不要过密，及时打掉下部的老叶、病叶。冬季加强光照、温度管理，适当疏果可以减少或避免出现大头西葫芦。

39 江苏省某同志问：西葫芦长出来就烂头，是怎么回事？

北京市农林科学院植物保护研究所 研究员 李明远答：

从图片看，西葫芦是化瓜了。化瓜的原因较多，有的是授粉不良，有的是营养生长过旺，有的是发生了病害，如褐腐病、灰霉病等。图中的西葫芦像是发生了褐腐病，可以用多菌灵药剂喷花。

 河北省沧州市网友"芨芨草"问：小南瓜已经结瓜，下雨后从瓜柄开始烂，怎么办？

北京市农林科学院蔬菜研究所 推广研究员 陈春秀答：

从图片看，南瓜瓜柄处出现黄褐斑，而且出现腐烂迹象的主要原因如下。

（1）下雨水后，雨水积在果柄处引起腐烂。

（2）南瓜叶上明显有白粉病，下雨会加速白粉病的发生和发展，也会引起瓜柄腐烂。

从图片看南瓜已经接近成熟，这种情况没有好的防治措施，可以把南瓜摘下来，还可以食用。

41 北京市通州区王女士问：南瓜叶子花叶是得了什么病，怎么防治？

北京市农林科学院植物保护研究所 副研究员 黄金宝答：

从图片看，是发生了病毒病。病毒病重在预防，即生长前期，在防治蚜虫、白粉虱等的基础上，喷施菌克毒克、病毒A等药剂预防。

42 北京市门头沟区网友"羊吞虎"问：飞碟瓜结的第一个瓜没长大就掉了，怎么回事？

北京市农林科学院蔬菜研究所 研究员 张宝海答：

植株营养生长过于旺盛，第一个瓜就不容易坐住。此外，没经过授粉的瓜也会萎缩、长不大。在棚室内种植，如果下部侧枝过多，就要打掉侧枝，下部的小叶、老叶也打掉一些。原因是叶子相互遮阴，下部的叶子接收不到阳光，不能光合作用就会影响坐瓜。在开花后 7～10 天适时收获，就不会影响后面坐果了。

 河北省网友"lph 李"问：丝瓜叶片上是什么虫子，怎么防治？

北京市农林科学院植物保护研究所 推广研究员 石宝才答：

从图片看，是菜青虫蛹，可以用除虫脲类或苏云金杆菌类药剂防治。

44. 山东省网友"永不言败"问：丝瓜新叶发黄是怎么回事？

北京市农林科学院蔬菜研究所 推广研究员 陈春秀答：

从图片上看，丝瓜新叶发黄，而且虫害发生得很严重。主要原因及防治措施如下。

（1）棚室内，6、7月时温度较高，不要铺地膜，应在9月下旬再铺地膜。气温、地温过高不利于丝瓜根系发育，造成根系吸收水肥能力差，从而发生缺素症。这时需要加大放风量降温；可以叶面追肥，追施磷酸二氢钾加尿素加钙肥。

（2）虫害发生得很严重，可能是有小菜蛾或菜青虫为害。要有效防虫，风口处设防虫网，发现幼虫及时防治。

45. 北京市门头沟区网友"羊吞虎"问：苦瓜根茎发黄，是施肥多烧死了，还是浇水多涝死了？

北京市农林科学院蔬菜研究所 研究员 张宝海答：

从图片看，根部还有一些新根，是由浇水过多沤根造成的危害大一些。植株小的时候不需要很多营养，如果有底肥，就不用再施肥，或者用 2‰ 速溶肥料水浇一些就可以了。将其放在光照、温度合适的地方，后续生长应该不会有大问题。

46 北京市大兴区网友"独木桥枫"问：冬瓜苗的子叶长到两大叶时发黄，也不是白根了，怎么处理？

北京市农林科学院蔬菜研究所 研究员 张宝海答：

能定植后尽早定植，冬瓜苗后期不易管理，高温下特别容易干旱，根和地上部分都会出现问题。后期要补充肥料，如速溶速效复合肥料，还可以用壮苗药剂。

（三）其他蔬菜

47 江苏省网友"风生水起"问：白菜叶片发黄是什么病，怎么防治？

北京市农林科学院植物保护研究所 研究员 李明远答：

从图片上看，叶背没有霉层，又是发生在老叶上，所以不像是传染病，应是由不良条件引起的应激伤害。如果是由高温造成的伤害，轻的地方能恢复，严重的地方就出现坏死斑。不建议打药，加强管理即可。

48 北京市海淀区网友"吃葡萄"问：白菜叶子干边是怎么回事？

北京市农林科学院蔬菜研究所 研究员 张宝海答：

白菜叶片组织柔嫩，如果蒸腾大，或者在高温、干燥的环境就容易干边。棚室内在晴天高温、干燥时通风，要注意保持室内湿度；根系弱或供水不及时、不均衡也会加剧这种情况的发生。蒸腾大，需要的水分多，种植容器内营养液容易过浓，发生肥害也会出现干边。从图片上看，叶片颜色深绿，可以判断是缺水或盐分高的表现。

49 北京市海淀区李女士问：春节后我家里的白菜外叶还很好，但心叶出现干叶、烂叶，是怎么回事？

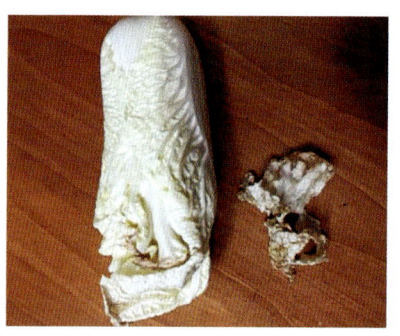

北京市农林科学院蔬菜研究所 推广研究员 陈春秀答：

从图片看，白菜发生了干烧心，主要原因有以下几点。

①白菜在储藏过程中，温度超过10 ℃就会出现干烧心现象。冬储大白菜在自然储藏情况下可以保存2～3个月，随着温度升高，白菜营养消化，心叶就会出现干烧心现象，到了后

期还会通过春化阶段出现抽薹现象。到了2月底、3月初，随着气温升高，家里就不适宜储藏白菜了。②缺水也会造成干烧心，如在白菜生长过程中土壤干旱，没有及时浇水。③氮肥过多、缺钙，也会造成干烧心。因此要均衡施肥，防止干烧心现象出现。

50 辽宁省大连市刘先生问：白菜根部有根瘤，是什么原因，怎么防治？

北京市农林科学院植物保护研究所 研究员 李明远答：

从图片看，是发生了白菜根肿病。大连市是白菜根肿病的偶发区，即今年发生明年不一定发生。一般情况下，天气降温后白菜根肿病就不发展了。今后种植白菜应注意以下几点。

（1）不在偏酸的土壤中种植；

（2）轮作，选没种过十字花科蔬菜的地块种大白菜；

（3）增施有机肥，有机质少的地块易发病；

（4）播后多雨、田间易积水的地块易发生；

（5）用药预防。一是做好种子消毒，播种前用55℃温水浸种15分钟，再用10%氰霜唑悬浮剂2000～3000倍液浸种10分钟，洗净后播种。二是苗床消毒。可用50%的敌磺钠可溶性粉剂500倍液或10%氰霜唑悬浮剂1000～1500倍液喷淋苗床，淋土深度15 cm左右。三是种苗杀菌。种苗移栽前用15%的石灰水或10%氰霜唑悬浮剂1500～2000倍液浸根或作定根水浇施，防止病菌侵入根系。四是移栽前对大田消毒灭菌。使用的药剂有氟啶胺和谱菌特。氟啶胺喷雾混土进行土壤处理，是防治白菜根肿病的高效药，但浓度大时对幼苗根系生长有抑制作用，不宜用于灌根等集中式施药处理。60%谱菌特一般用750倍液喷施，用于大田土壤消毒处理，效果可达70%～80%。五是发病后喷药防治。大田十字花科蔬菜呈现根肿病症状后，可用10%氰霜唑悬浮剂1500～2000倍液灌根，或者用75%百菌清可湿性粉剂800倍液灌根处理，或者用20%喹菌酮可湿性粉剂1000倍液，对发病株基部定点喷药防治。

第一部分　蔬菜

51 安徽省陶先生问：大白菜开始包心时叶子都塌下来了，是怎么回事？

北京市农林科学院蔬菜研究所　研究员　张宝海答：

可能是阴雨天多，大棚里光照弱，夜温高，植株徒长导致的。尽量多通风，使大棚内光照充足，温、湿度降下来了，就会转好。

52 北京市房山区臧女士问：架豆秧是由什么造成的叶子发白？

北京市农林科学院蔬菜研究所 研究员 张宝海答：

从图片看，可能是由浇水过大造成的。由于豆苗受涝害后根系吸水障碍，强光、高温下日晒，致豆苗出现晒伤。此外，豆叶片出现皱缩、卷叶现象，要注意防治蚜虫。

53 北京市通州区王先生问：豇豆上是什么虫子，怎么防治？

北京市农林科学院植物保护研究所 研究员 李明远答：

从图片看，豇豆上面的虫子是豇豆荚螟。此时虫子比较大了，钻进豆角里，打药效果并不好。加之豇豆即将采收，对农药的残留要求较高。因此，目前除了使用苏云金杆菌（包括BT乳油），尽量不要用其他农药。可用黑光灯和性激素诱导剂诱杀成虫，另外在幼虫发生早期（3龄前），可用苏云金杆菌、氯虫·噻虫嗪、氯虫苯甲酰胺、阿维·氯苯酰等农药保护，或者杀死转移为害的幼虫。

54 湖北省网友"峰中有韵"问：豇豆苗的叶片有鼓包是怎么回事？

北京市农林科学院植物保护研究所 研究员 李明远答：

叶片鼓包：一是由环境条件剧烈变化，使叶片生长不均造成的。二是发生了病毒病。如果是病毒病，说明发生过传毒昆虫，或者是种子带毒。病毒病一般表现为心叶发病较严重，出现变小或黄化，从这几张图上看不到心叶的情况，且只有通过分子检测，才能确定是否是病毒病。

55 北京市通州区宁先生问：豆角叶片卷曲、发黑是怎么回事？

北京市农林科学院蔬菜研究所 推广研究员 陈春秀答：

从图片看，豆角叶片边缘发干，还有些叶片全干了，主要有以下原因：

（1）棚内温度高时，突然放风导致叶片失水，叶片就会变干，百姓俗称"闪苗"；

（2）由高温造成的烤苗；

（3）土壤中施入了不腐熟的有机肥，或者施用的氮肥过多，定植穴没有封严，也会出现烧苗现象。

56 北京市昌平区网友"tb1532718"问：定植两个月的西兰花没有结球是什么原因？

北京市农林科学院蔬菜研究所 推广研究员 陈春秀答：

西兰花花蕾发育适温为 15～18 ℃，25 ℃以上易发育不良。从图片看，有以下原因导致不结球：

（1）定植过晚，进入结球期温度过高，导致不结球；

（2）生长势过旺，氮肥过多，抑制结球；

（3）植株被小菜蛾或菜青虫等害虫危害得很厉害，也会影响植株生长和结球。

 北京市顺义区网友"林剑"问：西兰花表面发黄是怎么回事？

北京市农林科学院蔬菜研究所 推广研究员 陈春秀答：

西兰花收获后，要在低温条件下储藏。自然条件下储藏氧化速度快，2～3天表面就会发黄；如果是在收获前花球就变黄，且呈现一块一块的黄褐色，说明是由细菌性黑腐病造成的。在结球过程中，空气湿度较大，花球表面有水滴，容易被细菌侵入引发病害。所以在栽培中，要注意通风，降低湿度，减少病害的发生。

58 北京市顺义区某同志问：甘蓝猝倒病如何防治？

北京市农林科学院植物保护研究所 副研究员 黄金宝答：

蔬菜育苗期经常容易发生猝倒病。猝倒病是由低温、高湿引起的真菌病害。其症状是茎基部或中部呈水浸状，后变成黄褐色，干枯，缩成线状，倒伏。湿度大时，有白色棉絮状菌丝。

防治蔬菜猝倒病：首先可以采用毒土育苗，用50%多菌灵 $6 \sim 8 \text{ g/m}^2$，下铺上盖；其次，猝倒病发生后，可用72.2%普力克400倍液灌根 $2 \sim 3$ 次，间隔期 $7 \sim 10$ 天。

59 湖北省荆州市网友"小明"问："紫甘2号"不结球，而且很小，长大一点就全开花了，是怎么回事？

北京市农林科学院蔬菜研究所 研究员 张宝海答：

从图片看，是甘蓝未熟抽薹现象，主要原因是幼苗期温度过低，或者苗龄过长、苗子太嫩，定植后遇低温春化所致。已经没有商品性了，可以拔掉改种。

60 北京市房山区网友"菊民"问：生菜叶发白，根部有些腐烂，该怎么办？

北京市农林科学院植物保护研究所 研究员 李明远答：

检查下面的根系，看是否腐烂。如果是就可以判定为软腐病；如果根系不烂，只是干腐，就可以判定为缺钙，也就是由干旱造成的，如果在这种条件下种植大白菜，就会发生干烧心。

61 北京市房山区网友"菊民"问：种了几棚生菜，要开始结球了，有些弱，施什么肥好？如何施肥？

北京市农林科学院蔬菜研究所 推广研究员 陈春秀答：

从图片看，生菜叶色比较正常，马上进入结球期，也是生菜生长较为旺盛期，需要追肥浇水。追肥以氮肥为主，结合磷钾肥和钙肥追施。进入结球期，生菜特别容易缺钙，所以每次追肥时，要补充水溶性钙肥。氮肥每亩 5～7 kg，钾肥每亩 5 kg，再加上水溶性钙肥 1～2 kg，也可以定期补充含钙的叶面肥。

62 北京市通州区时女士问：生菜上有褐色的病斑，请问是什么病？怎么防治？

北京市农林科学院植物保护研究所 研究员 李明远答：

从图片看，疑似发生了生菜褐斑病。生菜褐斑病主要危害叶片，在叶表面形成叶斑。叶斑初呈水渍状，后逐渐扩大为圆形至不规则形，病斑由褐色至暗灰色，直径 2～10 mm 不等。

生菜褐斑病的病原一般是莴苣褐斑尾孢霉，它属半知菌亚门真菌。这种菌以菌丝体和分生孢子丛在病残体上越冬，以分生孢子进行初侵染和再侵染，借气流及雨水溅射、传播、蔓延。通常多雨或雾大露重的天气利于发病；植株生长不良，或者偏施氮肥、长势过旺，都会加重病害的发生。

控制该病应采取以化学防治为主的综合防治策略。

（1）注意田间卫生，结合采收，将叶片、病残体收集，并携至田外销毁。

（2）清沟排渍，避免偏施氮肥，适时喷施植宝素等，使植株健壮生长，增强抵抗力。

（3）发病初期开始喷洒农药。可选用40%多·硫悬浮剂500倍液、75%百菌清可湿性粉剂1000倍液加70%甲基硫菌灵可湿性粉剂1000倍液、50%扑海因可湿性粉剂1500倍液、60%琥·乙膦铝可湿性粉剂500倍液，10～15天喷1次，连续防治2～3次。在使用上述农药时加入适量的展着剂，可提高防效。

（4）这种病往往不用单独防治，因为生菜更容易发生霜霉病，有些对霜霉病有效的药剂，如百菌清等对该病也有效，可以一同防治。

63 北京市延庆区某同志问：生菜根上有瘤子是发生了什么病，怎么防治？

北京市农林科学院植物保护研究所 副研究员 黄金宝答：

从图片看，是发生了生菜根肿病。根肿病是危害十字花科作物的一种传染性强的真菌性植物病害，会对蔬菜生产造成极大的危害。防治措施如下。

（1）与非十字花科蔬菜轮作。

（2）发现病株及时清除，将病株携出田外烧毁或深埋。

（3）施用石灰调节土壤酸碱度，一般每亩施用石灰粉75～100 kg。

（4）草木灰拌土盖种。

（5）合理施肥。

（6）土壤消毒可用50%多菌灵600倍液或敌克松500倍液泼施。

64 北京市平谷区某同志问：生菜烂了，是发生了什么病，怎么防治？

北京市农林科学院植物保护研究所 副研究员 黄金宝答：

从图片看，是发生了生菜菌核病。引起菌核病和灰霉病的

第一部分　蔬菜

真菌都属核盘属，可用相同的药剂防治，防治方法如下。

（1）用药前，摘除病残体（主要是病叶和发病的叶柄），尽量找净；如果是整株腐烂，清除后要撒生石灰进行土壤消毒。

（2）防治药剂可用速克灵、嘧霉胺、克得灵、啶酰菌胺（凯泽）和咯菌腈等，可根据发病区的病菌抗药性选择。应在晴天上午打药，打药要全面、均匀，喷完药后关闭风口，待提高6~8℃后再放风，风口应从小逐渐变大，防止风闪了。另外，上述几种药剂可轮换使用，尽量不混用，连续防治2~3次，间隔期为7天左右。

65 北京市东城区林女士问：茼蒿叶片不太舒展，是否缺什么元素？

北京市农林科学院蔬菜研究所 研究员 张宝海答：

从图片看，大叶茼蒿上部叶片变小、皱缩，有可能和放风不当有关。一月中旬外界温度很低，放风的时候要注意，不要等温室内温度很高时突然大风口放风,使温室内温度变化太快。应及时放风,风口小一点,使温度缓慢下降;也要注意放风时间的长短,根据温室内温度调整放风时间,不应过长,同时要保证温室内温度比较平稳。茼蒿的叶片非常柔嫩,禁不起温度大幅度地变化。白天温度可保持在 20 ℃左右,夜间 5~10 ℃就可以,光照强、温度高会引起嫩叶焦边。

此外,喷洒农药或叶面施肥时也要小心,避免浓度过高。在冬季不容易缺素,春季种植时容易缺钙。

66 江苏省网友"还没想好"问:茼蒿卷叶,是什么原因?

北京市农林科学院蔬菜研究所 研究员 张宝海答:

茼蒿是冷凉性蔬菜,夏季高温、强光对茼蒿十分不利,卷叶可能是高温、强光下茼蒿的生理反应,可以使用遮阳网遮阴,也要防治蓟马、蚜虫对叶造成的危害。

67 北京市房山区网友"泊兵"问：莜麦菜须根少、菜长不大，是什么原因？

北京市农林科学院蔬菜研究所 研究员 张宝海答：

从图片看，莜麦菜是出现了生理障碍。7月是一年中最闷热的时候，而莜麦菜是喜冷凉的蔬菜，极不适应7月的气候。从图片看土壤板结，也不利于蔬菜生长。这种情况没有办法改善，建议将菜尽快收获后销售。

68 北京市顺义区林先生问：芹菜叶片上的黄褐斑是由什么造成的？如何避免？

北京市农林科学院植物保护研究所 研究员 李明远答：

从图片看，是发生了芹菜早疫病。苯醚甲环唑防治芹菜早疫病效果好，也可以用多菌灵、百菌清进行防治。

69 北京市平谷区鲍先生问：大葱干尖是怎么回事？

北京市农林科学院蔬菜研究所 研究员 张宝海答：

从图片看，大葱干尖是由环境条件不良造成的。例如，土壤湿度过大、高温、高湿等，导致根系吸水障碍，大葱因此出现干尖、生长不良现象。防治措施是雨后及时排水，避免积水。现在可以适当施入一些高氮肥，有利于大葱恢复生长。

70 北京市通州区吴女士问：大葱是发生了什么病，怎么防治？

 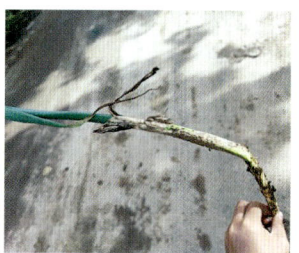

北京市农林科学院植物保护研究所 研究员 李明远答：

从图片看，像是发生了大葱软腐病。但是大葱软腐往往是在生蛆后出现，可以先挖出葱确认是否有蛆，把蛆防住，就不再烂了。防治蛆可用1000～1500倍液的辛硫磷灌根。

 北京市房山区穆先生问：大蒜叶子干枯、植株倒伏是什么问题，怎么防治？

北京市农林科学院蔬菜研究所 研究员 张宝海答：

从图片看，大蒜已经到了收获期，植株营养快速回到蒜头，从而出现叶片干枯、植株倒伏等症状，高温、干旱等不利条件都会加速其进程，这是大蒜生长后期的必然现象。虽然大蒜表现出一定程度的早衰，但是基本属于正常范围，目前可以不防治，先注意观察，达到收获标准后应尽快收获。

72 北京市顺义区网友"lit"问：韭菜叶子枯死、烂叶多是怎么回事？

北京市农林科学院蔬菜研究所 推广研究员 陈春秀答：

从图片看，是韭菜发生了霜霉病，而且比较严重。主要是由湿度大、通风不良引起的病害，且韭菜感染病害后，没有及时防治，也没有及时清理田间的枯叶、烂叶，造成灰霉病的发生、蔓延。防治建议如下。

（1）及时将枯叶、烂叶清除，把地上部分的韭菜全部割掉，喷洒杀菌剂，如克露、嘧菌酯等。

（2）田间及时进行松土、施肥，促进植株复壮。

（3）在温度管理上，白天保持在20～25℃，夜间10～15℃。

（4）田间浇水要选择在晴天的上午进行，不要大水漫灌，水量要均匀。

73 北京市顺义区网友"lit"问：春季种植的大红萝卜还没长大就开花了，是怎么回事？

北京市农林科学院蔬菜研究所 推广研究员 陈春秀答：

从图片看，是由大红萝卜遇低温通过春化阶段造成的早花现象，可能造成这种现象的原因如下。

（1）播种时，温度太低，在 1~5 ℃，种子通过春化阶段，长出苗后就会抽薹、开花。

（2）苗期温度低、光照弱也会通过春化阶段。一般苗期长到 4~7 片叶时正赶上气温很低，夜间温度仅有 0~5 ℃，低温积累到一定时间，就会通过春化阶段，导致大红萝卜只开花不结萝卜。

（3）高温也可使大红萝卜出现抽薹现象，一般多发生于夏季。当夜间温度达 20 ℃以上，白天温度达 30 ℃以上，可能出现抽薹现象，但图中的现象显然是由低温造成的，建议来年种植时推迟播期，避开低温时节。

第二部分
果树

（一）苹果

1. 北京市大兴区某同志问：苹果树树叶发黄、落叶严重，果实有病斑，是发生了什么病？

北京市农林科学院植物保护研究所 高级农艺师 徐筠答：

从图片看，果实像是发生了锈果病，是病毒病的一种，需进一步鉴定确认。病毒病的鉴定操作起来比较困难，除了典型的病毒病症状外，需要使用专业的检测设备按照一定的程序进行，费工费时，生产上一般不建议进行病毒病检测鉴定。图中叶片有缺素症的表现，但不是典型的苹果病害。可能是由施入肥料的比例不适合，发生了一定程度的肥害，造成新叶卷曲、下部叶片落叶。病果已经没有商品价值，可摘除集中深埋或烧毁。农事管理时，注意病果和健康果实要分开进行操作，避免交叉感染。若来年在做好水肥管理的情况下，该病再次发生，建议直接淘汰该苹果树。

北京市大兴区网友"河石"问：苹果树叶上有红蜘蛛，防治用什么药好？

北京市农林科学院植物保护研究所 高级农艺师 徐筠答：

从图片看，应是二斑叶螨为害所致。二斑叶螨可在苹果树整个生长期为害，且树上树下都有，给防治带来一定的困难。防治措施如下。

（1）在芽前喷波美5度石硫合剂。在越冬雌成螨出蛰期，树上喷50%硫悬浮剂200倍液或波美1度石硫合剂。

（2）要抓住叶螨为害初期进行防治，地面清除杂草，注意树上树下一起喷药。

（3）常用的杀螨剂有阿维菌素（对若螨、成螨防治效果较好，但不杀螨卵）、联苯肼酯（对若螨、成螨有效，但不杀螨卵）、哒螨灵（对螨卵、若螨、成螨都有较好防效）、唑螨酯（对螨卵、幼螨、若螨、成螨都有较好的防效）、5%丁氟螨酯（对螨卵、幼螨、若螨、成螨都有较好的防效）、三唑锡（杀螨卵效果好）、尼索朗

（杀螨卵效果好）、乙螨唑（杀螨卵效果好，但对成螨无效）。

（4）使用杀螨剂的注意事项

一是注意杀螨剂与杀卵剂搭配使用，如 3.2% 阿维菌素乳油 6000 倍液加 20% 三唑锡悬浮剂 1500 倍液等；二是杀螨剂加有机硅 3000 倍液可增加防效；三是注意药剂交替使用，避免产生抗药性。

3 北京市东城区某先生问：苹果果实上有黑斑、掉果，是发生了什么病？

北京市农林科学院植物保护研究所 高级农艺师 徐筠答：

从图片看，苹果是由干腐病侵染果实造成的腐烂，防治措施如下。

（1）加强栽培管理，每年 8 月下旬施有机肥。防止或减少树体患干腐病的机会，从根本上杜绝或减少侵染果实的病菌。

（2）清除田间菌源，刮治、剪除树体上的干腐病枝、病斑及由蝉（知了）产卵造成的死枝，并集中烧毁。

（3）北京杨的水泡溃疡病菌对金冠苹果果实的侵染能力很强，会引起烂果，要避免用北京杨做苹果果园的防护林。

（4）药剂防治

正常年份，要在落花后10天进行首次喷药；干旱年份，首次喷药可延至5月底，但正常年份喷药晚是生产上的严重失误。可选用75%百菌清可湿性粉剂800倍液、80%大生-M45可湿性粉剂400～600倍液、80%大富丹可湿性粉剂800～1000倍液；锌铜波尔多液，配比为硫酸锌∶硫酸铜∶石灰∶水（kg）=（0.25～0.35）∶(0.15～0.25)∶1.5∶(120～150)，在6月15日前使用；1∶3∶200～240式波尔多液，在6月15日以后可结合防治炭疽病等病害使用。

喷药时间和次数可考虑每15～20天喷1次，从落花后10天直至8月初。可根据果园病情轻重及当年气候条件酌情减少喷药次数。按上述时期用药，可兼治炭疽病、煤污病、蝇粪病、褐斑病、灰斑病、圆斑病等多种病害。

4 北京市密云区网友"zzhu"问：苹果叶片是怎么回事？

北京市农林科学院植物保护研究所 高级农艺师 徐筠答：

从图片看，应该是发生了苹果斑点落叶病，防治措施如下。

第二部分　果树

1. 农业防治

及时中耕锄草，疏除过密枝条，改善通风透光。落叶后清洁果园，扫除落叶。

2. 药剂防治

重点保护春梢叶片，根据春季降雨情况，从落花后 7～10 天开始喷药，喷洒 3～4 次，每次间隔 15～20 天。秋梢生长初期（6月底至7月初）喷 1 次。除此之外，从 7 月初开始喷波尔多液，15～20 天喷 1 次，共喷 3～4 次。

效果较好的药剂有 1.5% 多抗霉素水剂 300 倍液加有机硅 3000 倍液、10% 多氧霉素可湿性粉剂 1000～1500 倍液加有机硅 3000 倍液、4% 农抗 120 水剂果树专用型 600～800 倍液加有机硅 3000 倍液。

以上 3 种药属生物制药，对果树真菌性病害具有治疗效果，是发展绿色有机农业的首选绿色农药，多年使用病菌未表现出抗性。

 北京市门头沟区网友"万达"问：苹果树干开裂，最初裂一道缝，里面是绿色的，然后越来越严重，是怎么回事？

北京市农林科学院林业果树研究所 研究员 鲁韧强答：

苹果树出现这种现象主要因为在春秋时节，昼夜温差最大时，树干阳光直射部位温差过大，冷热不均导致的日灼伤，最初是韧皮部开裂，进一步发展会使树干木质部开裂。

防治方法：应当在早春及晚秋进行树干涂白，以减小树干阳面昼夜温差，达到防灼防裂的目的。

 湖北省胡先生问：苹果低温停止生长，气温上升又开始长，导致花芽很少，只有树枝顶端有花，是什么原因？

北京市农林科学院林业果树研究所 研究员 鲁韧强答：

苹果幼树生长期长、生长势强，出现多次生长是常见现象，特别是中枝必然要顶芽突破进行二次生长，而在此过程中，短枝则比较稳定。因此，要采取拉枝、缓放、春刻芽等措施促发多叶片短枝，促进形成花芽，使苹果树早结。幼树短枝封顶后，应当在5月底至6月中旬，对缓放的有短枝的中长枝进行环剥，能够截留营养下运，促进花芽形成。

一般情况下，幼树的短、中、长果枝多是顶芽形成花芽，这是苹果树种的特性。等进入盛果期后，中、长果枝才可以形成部分腋花芽，因此花芽较多。幼旺树的旺长新梢则一般在秋梢部位形成一些腋花芽，这是幼旺树早结果的一个途径。

 山东省济宁市网友"山东济宁老王"问：苹果是发生了什么病，怎么防治？

北京市农林科学院林业果树研究所 研究员 鲁韧强答：

从图片看，是发生了苹果缺钙症。引起缺钙的原因：阴雨天多或干旱天诱发苹果缺钙；套袋后幼果蒸腾被抑制，容易缺钙；果树枝条密集，通风透光不良的密植园，内膛和中、下部的幼果易缺钙。防治方法如下。

（1）合理施用有机肥，混合施入过磷酸钙。为促进钙的吸收，实行果园种草和种植绿肥，提高土壤中有机质的含量，有利于钙的吸收和利用。

（2）苹果花后4~5周（套袋前一个月内）是补钙的有利时期。结合喷药，可年喷2~4次钙肥，以快速补钙，每次间隔10天；在采收果实前4～8周喷施钙肥，可预防苹果缺钙症。

（3）实施营养诊断，平衡施肥，适当控制氮肥、钾肥的用量，保证氮、钾和镁等元素之间动态平衡。叶面喷施钙肥、镁肥、锌肥，补充微量元素，以促进钙元素的吸收、利用。

（4）使用含量高、活性强、吸收快的优质叶面钙肥，如氨基酸钙或螯合钙等。叶面补钙时应尽量将钙肥液喷施在果实上或叶背面，且不要随意加大浓度，避免造成药害。

8　湖北省胡先生问：苹果叶面上有灰白色的粉状物，是发生了什么病，怎么防治？

北京市农林科学院植物保护研究所　高级农艺师　徐筠答：

从图片看，是发生了苹果白粉病。该病发生的原因与气候、栽培条件、品种有关，防治措施如下。

（1）加强栽培管理，施用果树专用配方肥，避免偏施氮肥。每年8月20日增施有机肥、磷肥、钾肥。逐步淘汰高感抗品种。

（2）清洁果园：剪除病梢、病芽，并集中深埋。

（3）药剂防治：重点在春季早期防治。萌芽前喷波美5度石硫合剂。苹果花芽露红时、70%落花后、落花后10～15天共喷3次杀菌剂，有较好的防治效果。可选用的药剂有10%多抗霉素1000～1500倍液加有机硅3000倍液（在70%落花后喷安全有效）；15%三唑酮1000倍液加有机硅3000倍液；12.5%特谱唑2000倍液加有机硅3000倍液；在6月底至8月底，晴天每20天喷一次波尔多液，如遇阴雨天改喷杀菌剂。目前，苹果白粉病已经很严重了，抓紧喷三唑酮加有机硅2次，间隔15天。

(二)梨树

9 北京市大兴区梁先生问：梨树上部叶片发黄，慢慢就死了，是怎么回事？

北京市农林科学院林业果树研究所 研究员 鲁韧强答：

从图片看，梨树上部叶子发黄是发生了缺铁症。盐碱地的梨树进入雨季后，很容易出现缺铁症。树势弱的植株缺铁，黄叶更严重，可叶面喷施 EDTA 螯合铁进行矫治。同时，建议对黄叶的梨树进行控水和松土透气，增强根系吸收营养的能力。

10 北京市大兴区网友"铮"问：梨裂果是什么原因？

北京市农林科学院林业果树研究所 研究员 鲁韧强答：

梨在幼果期遇高温干旱、土壤水分不足，幼果的表皮细胞易角质化。后期进入雨季，雨水多，果实很快吸水膨胀，使角质化的果皮不能适应果肉膨胀的速度而裂果。生产上要注意在幼果期保持土壤湿润，防止雨季裂果。

11 江苏省柳先生问：阴雨天梨在枝头就烂了，该怎么防治？

北京市农林科学院植物保护研究所 高级农艺师 徐筠答：

从图片看，是发生了梨轮纹病，防治措施如下。

（1）结合冬剪，将病枝剪除，特别注意应将一年生的干枝条剪除。将大枝干上的病斑刮除后，涂上401抗菌剂加有机硅2000倍液。秋后应注意清洁果园。

（2）在果树休眠期，树体喷布80%五氯酚钠200倍液加波美1～3度石硫合剂。早春发芽前，在树体喷布5%菌毒清水剂100～200倍液，可连续喷布2～3年。

（3）防止果实受侵染，应从5月上旬至7月底施药，施药次数可依当年降雨量和降雨时间而定，可酌情减少。雨多可每15天用一次药。可选用的药剂有75%百菌清可湿性粉剂800倍液、40%多菌灵悬浮剂600～1000倍液、430 g/L戊唑醇悬浮剂3000～4000倍液、45%乙铝·多菌灵可湿性粉剂300～500倍液、30%绿得宝悬浮剂300～500倍、1∶3∶40式波尔多液。

在前期使用1∶3∶40式波尔多液，会使鸭梨、京白梨加重果锈的产生，应在7月以后使用。注意交替使用药剂，以上药剂均可加入有机硅3000倍液以提高药效。

12 北京市海淀区李先生问：玉露香梨叶边缘向内枯死，叶子出现破损，这是什么情况，如何防治？

北京市农林科学院植物保护研究所 高级农艺师 徐筠答：

从图片看，可能是发生了梨黑斑病，应把春梢叶片上发生的病害作为防治重点，防治措施如下。

（1）农业防治

及时中耕锄草，疏除过密枝条，增进通风透光。落叶后清洁果园，扫除落叶。

（2）药剂防治

重点保护春梢叶，秋梢叶只需在生长初期保护，用药太多不可取。可选择的药剂有3%多抗霉素水剂300～500倍液加有机硅3000倍液、10%多氧霉素可湿性粉剂1000～1500倍液加有机硅3000倍液、4%农抗120水剂果树专用型600～800倍液加有机硅3000倍液、5%扑海因可湿性粉剂1000倍液加有机硅3000倍液。

以上农药应以多抗霉素水剂为主，其他药交替使用。第1次喷药应在落花后立即进行，第2次在5月中旬，第3次在秋梢生长初期的6月底或7月初。

（3）喷保护剂

6月晴天时喷1:3:240式波尔多液2次，间隔15～20天。7月晴天时喷1:3:240式波尔多液1～2次，间隔15～20天。雨季可在树上喷施1～2次杀菌剂，以1.5%多抗霉素水剂300～500倍液为主，交替使用其他杀菌剂。

13 河南省商丘市网友"商丘绿之缘十猕猴桃梨树"问:梨果上长黑点是发生了什么病,怎么防治?

北京市农林科学院林业果树研究所 研究员 鲁韧强答:

从图片上的果实病斑看,可能是沙梨系品种易患的黑斑病,属真菌性病害。该病菌以分生孢子及菌丝体在病叶、病果、病枝上越冬,翌春分生孢子借助于风雨传播后,产生分生孢子进行再侵染。有以下防治方法:

(1)注意冬前清园,将病叶、病果、病枝清除深埋;

(2)增施有机肥,增强树势,提高抗病力;

(3)套袋栽培,降低病害感染概率;

(4)在初发病时喷1∶2∶200式波尔多液,或者使用代森锰锌、多抗霉素等杀菌剂,均可取得较好防效。

14. 北京市大兴区网友"铮"问：白梨树叶有褐色大斑是怎么回事？

北京市农林科学院林业果树研究所 研究员 鲁韧强答：

从图片看，梨树叶是发生了日灼伤。日灼伤与天气高温有关，叶片受阳光直射，局部温度过高，从而出现灼伤、坏死，形成坏死斑。该病除了与天气有关外，也与树势密切相关，生长势弱的树叶被灼伤的情况会更重。要注意加强管理，增强果树对外界环境的抵抗力，可有效减少这种现象的发生。

15. 北京市密云区高女士问：红肖梨长满了黑点，还有竖道，是什么原因？

北京市农林科学院林业果树研究所 研究员 鲁韧强答：

从图片看，梨幼果表现出的是缺硼症的症状。

缺硼会使果肉细胞木栓化，即果肉内凹陷的部位有硬疔，严重时形成不规则的"猴头果"，失去商品价值。应尽快疏除病果，并喷速乐硼超浓缩高效速溶叶面肥进行矫治。

16 北京市平谷区王先生问：梨树叶片一圈黑色，中间是绿色，落叶，是怎么回事？

北京市农林科学院林业果树研究所 研究员 鲁韧强答：

从图片看，叶片出现干边，是由干旱和高温造成的。在高温烘烤下，叶片的水分运输未能满足蒸腾需要，故叶缘供水不足而干枯，若高温和阳光直射的叶片，叶主脉附近也会有灼伤。

这种情况应尽快为梨树浇水。以后在种植过程中，要注意果园的水肥均衡,尤其是高温干旱情况下,要保证果园水量,避免这种情况再次出现。

17 北京市海淀区网友"香蕉梨"问:梨煤污病如何防治?

北京市农林科学院植物保护研究所 高级农艺师 徐筠答:

梨煤污病病菌在高温多雨季节大量繁殖,对果面多次再侵染,防治措施如下。

(1)在每年3月惊蛰、3月底及花后,重视对梨木虱越冬代成虫、卵、第一代若虫的防治,避免梨木虱若虫分泌的蜜露污染叶面、果面。

(2)进行夏剪,改善果园通风透光条件,降低田间湿度。

(3)药剂防治:一般在防治梨黑星病、黑斑病等病害时能兼治梨煤污病。若单纯防治梨煤污病,可在6月喷一次百菌清,在7月初、7月中、7月底喷3次1:2~3:(200~240)式波尔多液。

(三)桃、李、杏

18 房山区长阳镇刘女士问：桃子果实长成连体畸形是什么原因？

北京市农林科学院林业果树研究所 研究员 鲁韧强答：

从图片看，连体桃是畸形花受精结的果实，这种情况比较少见。正常情况下，桃果一般只有一粒种子，花朵只有一个雌蕊，发育成果实也是正常的一个。畸形的桃花可有2～3个雌蕊，如果每个雌蕊都授粉受精，就形成了连体的果实。这种现象与花芽形成过程中，雌蕊原基分化时的高温气候有关，也与品种遗传选择有关。例如，很多碧桃是多雌蕊花，会形成多连体果实。

19 北京市平谷区网友"谷"问：桃出现果锈、尖部开裂腐烂等症状，是怎么回事？

第二部分 果树

北京市农林科学院林业果树研究所 研究员 鲁韧强答：

从图片看，桃果实出现了多种发育畸形，应当是由缺素造成的。桃果软尖或软沟，是缺钙症的症状；桃的"猴头果"，是缺硼症的症状；桃果面出现果锈可能是发生了日灼伤或药害，使果实表皮细胞损伤而栓化，失去了分裂功能，故吸水膨胀后裂口。

20 北京市房山区网友"爱你国安"问：桃果上有黑点，是发生了什么病，怎么防治？

北京市农林科学院植物保护研究所 高级农艺师 徐筠答：

从图片看，像是发生了桃疮痂病，防治措施如下。

防治疮痂病主要依靠用药。套袋前或对已经侵入果实的病菌，在5月下旬、6月上旬各喷药一次。

选择使用的农药品种有40%福星乳油8000倍液、10%世高水分散粒剂5000倍液、40%腈菌唑可湿性粉剂8000倍液、62.5%仙生可湿性粉剂600倍液等。还可选用的农药有：

75%达克宁可湿性粉剂800倍液、80%大生-M45可湿性粉剂600倍液、70%代森锰锌可湿性粉剂500倍液、70%甲基托布津可湿性粉剂1000倍液、50%多菌灵可湿性粉剂500倍液。

一般从落花后幼果期首次喷药,每15天喷1次,持续到采果前15天。以上农药均可加入有机硅3000倍液。

21 山东省济宁市网友"山东济宁老王"问:桃树叶子边缘发黄、干枯,是怎么回事?

北京市农林科学院林业果树研究所 研究员 鲁韧强答:

从图片看,桃树叶片干边是由高温烘烤造成的。这是因为在高温干燥天气,叶片蒸发大于水分供应,叶片边缘水分供应不足而干枯,严重的会落叶。

22 北京市顺义区建女士问：桃树卷叶，叶子上还有很多黑虫，怎么处理？

北京市农林科学院植物保护研究所　高级农艺师　徐筠答：

从图片看，桃树卷叶是桃蚜为害所致，黑色的蚜虫已经被天敌寄生蜂寄生了。注意观察一下，如果寄生蜂已经完全控制住蚜虫为害，可以不用打药；如果天敌自然控制效果不理想，卷叶持续、蚜虫蜜露增多，可以打药，但注意选择适合的药剂，不要用高效氯氰菊酯这类广谱性杀虫剂，以保护天敌。

防治桃蚜的关键是适时防治。一般在花前（花蕾期）、花后7～10天喷一次药。严重时，隔10天再喷一次，效果较好。

可选用的药剂有0.3%苦参碱水剂200～250倍液加有机硅3000倍液、1.5%苦参碱水剂2500～3000倍加机硅3000倍液、50%氟啶虫胺腈水分散粒剂10000倍液加有机硅3000倍液（该药剂快速、残效长）、10%吡虫啉乳油3000倍液加有机硅3000倍液（有内吸作用）。

注意：吡虫啉乳油有疏果作用，最好选择在花前或果实坐住后再使用，也可以选择50%抗蚜威乳油2000～3000倍液加有机硅3000倍液，高温效果好。

23 湖北省胡先生问：李树叶片卷、发黄，有斑，是发生了什么病，怎么防治？

北京市农林科学院林业果树研究所 研究员 鲁韧强答：

从图片看，李树黄叶是发生了缺铁症。缺铁嫩叶遇高温焦灼，形成坏死斑，影响了嫩叶舒展生长，从而畸形，使树叶发卷。可在树下松土透气，同时树上喷施EDTA螯合铁矫治。

24 河南省网友"石头城"问：嫁接的李子树长得不好，有办法补救吗？

北京市农林科学院林业果树研究所 研究员 鲁韧强答：

从图片看，是高接李子树，两个大主枝嫁接，但只有一枝成活，另一枝嫁接没成活。可对已成活的新梢绑棍保护，以防折断；对未成活枝，需待发出萌条后，在当年8月进行芽接，或者在翌年春进行枝接。

25 北京市房山区网友"泰来"问：李子在枝头逐步变软、腐烂，怎么回事？

北京市农林科学院植物保护研究所 高级农艺师 徐筠答：

从图片看，是发生了李褐腐病，又称李实腐病。此病菌腐生性强，很难从果面直接侵染，多从由蝽象、李小食心虫、梨小食心虫等造成的伤口侵入。一些品种缝合线处易变软，病菌较易侵染。病害多在李果实近成熟期和成熟期发生。在树冠郁闭，湿度大的果园或近成熟期降雨多的年份发生得较多。防治措施如下。

（1）做好测报，防治茶翅蝽、李小食心虫、梨小食心虫、苹小卷叶蛾等虫害。

（2）改进栽培管理，保证果园通风透光良好。加强雨季排水，降低园内湿度。

（3）结合冬剪清除僵果、枯死枝条。

（4）药剂防治。李树发芽前喷一次 80% 成标干悬浮剂 500 倍液或波美 5 度石硫合剂。采收前 30 天首次喷药，15 天后再喷一次。

可选的农药品种：24% 应得悬浮剂 2500 倍液、30% 特福灵可湿性粉剂 2000 倍液、75% 达克宁可湿性粉剂 600 倍液、80% 大生－M45 可湿性粉剂 600 倍液、50% 扑海因可湿性粉剂 1000 倍液、50% 农利灵干悬浮剂 1000 倍液、40% 施佳乐可湿性粉剂 1200 倍液。以上药剂均可加入有机硅 3000 倍液。

26 北京市房山区丁女士问：杏树上长小白点，慢慢就枯死了，是什么原因，怎么防治？

北京市农林科学院林业果树研究所 副研究员 刘军答：

从图片看，是由蚧壳虫为害造成杏树死亡。蚧壳虫是一种很难防治的害虫，果树一定要在发芽开花前用石硫合剂净园，可有效预防和减少虫害发生。在生长季节发生，可以用螺虫乙酯等药剂防治。

27 湖北省胡先生问：杏树生长不良，拔出后发现须根少，有腐烂，是不是根腐病，该怎么办？

北京市农林科学院植物保护研究所 高级农艺师 徐筠答：

从图片看，杏树可能是发生了根腐病，预防措施如下。

（1）杏树怕涝，建园选址时应当选在排灌方便的地块，避免在易涝地栽培。

（2）在果园四周挖好排水沟，防止雨后积水。

（3）管理上注意增施有机肥，少施化肥，增强树势，提高树体抗病力。

（4）苗木栽植前，用波美3度石硫合剂，或者硫酸铜100倍液，或者五氯酚钠250倍液，或者45%代森铵水剂200倍液浸根或全株浸泡5分钟。

（5）病树药剂灌根。用施肥器或带尖的铁棍打孔，将药液注入。常用药剂有波美 2～3 度石硫合剂、硫酸铜 200 倍液、45% 代森铵水剂 200 倍液。大树每株灌药液 15～20 kg，小树 5～10 kg。

对出现问题的杏树，应剪除已萎蔫的新梢，减少树体水分蒸腾损失；对已死亡树，应连同根系刨除，并将病根清理干净，然后用上述药液灌溉，进行土壤消毒后不要立即补栽杏树，可待来年补栽其他果树。

28 北京市海淀区网友问：一棵杏树在雨后死了，根为什么发红？

北京市农林科学院林业果树研究所 研究员 鲁韧强答：

杏树怕涝，雨后发生死树是被水淹致死。因为在土壤水分饱和后，根系在无氧呼吸后产生酒精，会将根皮细胞杀死，根部逐渐变褐，并有酒味。一般情况下根系死亡，才会导致树体死亡。

29 北京市大兴区网友"lit"问：杏树长得很茂盛，不结果是怎么回事？

北京市农林科学院林业果树研究所　研究员　鲁韧强答：

从图片看，杏树很茂盛，但不结果，原因可能有两个：一是这棵树是杏核出的实生苗。凡是种子长成的树都有童龄阶段，因此结果晚；二是杏树前几年生长过旺，全树都是大枝条，结果短枝少，不能形成很好的花芽，导致未能结果。

杏树主要靠中短枝成花结果，现在这棵树已长出很多中短枝，来年应该能够结果。应当注意，杏树绝大多数品种不能自花授粉，若来年该树开花了，也应采些其他品种的杏花给它授粉，才能实现多结果。若附近邻居有结果的杏树，能有昆虫传粉，则不存在这个问题。

30 北京市顺义区石先生问：杏树落果是怎么回事？

北京市农林科学院林业果树研究所 研究员 鲁韧强答：

从图片看，这棵杏树生长发育正常。如果落果严重，要考虑是否是由杏仁蜂为害造成的。杏仁蜂成虫在花前羽化，花期时在花朵萼片处产1粒卵，待杏坐果后卵孵化出幼虫钻入幼果为害。幼虫啃食胚乳及果肉，逐渐发育成老熟幼虫，随后果实因被害而脱落，老熟幼虫随即脱果钻入土缝中化蛹，翌年杏花期再羽化并产卵为害幼果。

可喷药进行防治。一般在初花期时喷菊酯类药物，能有效灭杀成虫和卵；在花始落瓣时再喷一次毒死蜱，用以灭杀卵和初孵幼虫，达到保果的目的。

(四)樱桃

31 北京市通州区种植户问：樱桃树主干很多叶片和叶芽都干枯了，是怎么回事？

北京市农林科学院林业果树研究所 研究员 鲁韧强答：

从图片看，主干上的短枝叶片干枯，可能是发生了缺钾症。由于近期雨水较多，新梢生长量大，需要消耗大量的营养。当树体缺钾时，老叶中的钾元素会上运，供新梢生长，这导致老叶缺钾。老叶缺钾后先干尖干边，严重时会使植株全叶干枯。

32 北京市丰台区网友问：雨天樱桃树叶发黄脱落是怎么回事？

北京市农林科学院林业果树研究所 研究员 鲁韧强答：

从图片看，是由营养供应不足、发生病害双重因素造成的。

樱桃树在雨季连阴雨的情况下，新梢基部老叶片在环境变差时，会因生存竞争压力而加速黄化脱落。同时，图中一些叶片感染了褐斑病，也是发生落叶的诱因。因此，雨后应及时喷杀菌剂防治，防止大量落叶。

33 北京市顺义区杨先生问：为什么高垄栽植的砧木樱桃树主干树叶都黄了？

北京市农林科学院林业果树研究所 研究员 鲁韧强答：

从图片看，樱桃树是由雨天涝害造成的黄叶。

连阴雨时，土壤透气性差，樱桃幼旺树根系吸收养分的能力降低，其叶片光合作用也减弱，树上新梢因水分增加而加速生长，增加了新老叶片之间的营养竞争，加速了老叶片衰老，导致其黄化脱落。因此，雨后晴天，应在树下松土透气，树上喷杀菌剂防治褐斑病，同时需要补充叶面营养。

34 北京市房山区张先生问：樱桃树根部有很多虫蛀的木屑，是什么虫子为害所致，怎么防治？

北京市农林科学院植物保护研究所 高级农艺师 徐筠答：

从图片看，应是天牛为害所致，防治措施如下。

（1）人工捕捉成虫。6—7月，可利用中午到下午3点前成虫有静息枝条的习性，组织人员在果园捕捉，可取得较好的防治效果。用绑有铁钩的长竹竿钩住树枝用力摇动，害虫便纷纷落地，可逐一捕捉。

（2）涂白主要枝干。4—5月，即在成虫羽化之前，可在树干和主枝上涂刷白涂剂。把树皮裂缝、空隙涂实，防止成虫产卵。

（3）提前杀死幼虫。9月前孵化出的天牛幼虫在树皮下蛀食，这时可在主干与主枝上寻找细小的红褐色虫粪，一旦发现虫粪，就用锋利的小刀划开树皮将幼虫杀死。也可在翌年春季检查枝干，一旦发现枝干有红褐色锯末状虫粪，就用锋利的小刀将在木质部中的幼虫挖出杀死。

(4)药物防治方法。6—7月为成虫发生盛期和幼虫孵化期初期,在树体上喷洒10%吡虫啉乳油2000倍液,7~10天1次,连喷几次。

(5)大龄幼虫蛀入木质部,可采取虫孔施药的方法除治。防治前清理一下树干上的排粪孔,向蛀孔内填入敌敌畏棉条,再用一次性医用注射器,向蛀孔灌注50%敌敌畏乳油800倍液或10%吡虫啉乳油2000倍液,用泥封严虫孔口,并用黑地膜缠紧树干,保持一段时间,能够有效杀死害虫。

35 北京市房山区网友"沉默无语"问:3—4月栽的樱桃树先流胶,后叶片变黄、掉叶,是怎么回事?

北京市农林科学院林业果树研究所 研究员 鲁韧强答:

从图片看,樱桃幼树定植后生长正常,但进入雨季后排水不好,发生了涝害。根系被水淹,受害严重,导致树干流胶,而且掉叶,若继续发展,这棵树越冬时很难存活。补救措施如下。

立即采取措施,即树下浅扒土晾根,促进根部呼吸;地上部要小心刮去树干部的树胶,再涂石硫合剂进行保护,尽快恢复树势。

36. 北京市大兴区相先生问：樱桃树长得不好，叶片发黄是怎么回事？

北京市农林科学院林业果树研究所 研究员 鲁韧强答：

从图片看，樱桃树黄叶是缺铁症的症状。如果叶面喷硫酸亚铁容易氧化固定，效果不好。喷EDTA螯合铁，因为螯合铁利于吸收和运输，叶片转绿效果好。同时，对缺铁植株进行控水和松土透气。

37. 湖北省胡先生问：樱桃树是怎么回事？地下铺的白膜防草吗？

北京市农林科学院林业果树研究所 研究员 鲁韧强答：

从图片看，定植的幼树黄叶是地面干旱、高温烘烤所致，种植于砂地会更严重。铺地膜防草应用黑色的，透光膜不防草，但可保持土壤水分和提高地温。进入夏季应在膜上覆土，起保水、压草作用，不需要再提高地温。

38 天津市刘先生问：阳台盆栽樱桃老叶突然黄叶、卷叶是怎么回事？

北京市农林科学院林业果树研究所 研究员 鲁韧强答：

从图片看，阳台盆栽樱桃苗老叶片卷叶干边，是由阳光强照射引发高温失水造成的。正午时分应遮阴或搬离阳台。

（五）葡萄

39 新疆维吾尔自治区网友"悠悠草"问：葡萄果实没有成熟就死了，是什么原因？

北京市农林科学院林业果树研究所 研究员 鲁韧强答：

从图片看，葡萄大小粒，可能是由缺硼或锌造成的。花期缺硼会影响授粉受精，没受精的果粒不生长；受精坐果后若缺锌，则影响生长素的合成，导致果粒生长慢且个小。同一果穗着色不匀，果粒有红有绿，是缺锰的表现。生产中要根据具体情况，针对症状及时补充营养元素。

40 北京市房山区吴先生问：巨峰葡萄二次果落了很多，是发生了什么病，怎么防治？

北京市农林科学院植物保护研究所 高级农艺师 徐筠答：

从图片看，是发生了葡萄白腐病，防治措施如下。

（1）春天葡萄出土上架时，结果枝在架面上的分布要合理。吊绑近地面的果穗，使其高于地面 40 cm。

（2）葡萄落花后，架下铺地膜，铺膜面积占种植面积 60%，或者果穗套袋，使病菌不能借风雨传播。

（3）埋土防寒前，将病枝蔓剪除。

（4）葡萄开始上色前（北京 7 月初开始），要专人每天将出现的少量病果穗剪除干净，并携至园外处理。

（5）认真防治霜霉病，保护叶片，增强树势。

（6）严格控制杂草生长，及时排水，做好夏剪工作，使架面通风透光，减少病菌侵染条件。

（7）可选用的农药有 1∶0.5∶200 式波尔多液；78% 科博 500 倍液；12% 绿乳铜 800 倍液等铜制剂；75% 达克宁可湿性粉剂 600 倍液；80% 大生-M45 可湿性粉剂 600 倍液。以上药剂均可加入有机硅 3000 倍液。

喷药注意事项：应重点细致喷布果穗，使药液在果穗表面形成药膜，将微小伤口封闭。喷药从花前 7～10 天开始，每 15 天喷 1 次，持续到采果前 15 天。花期不喷，6 月 15 日和 7 月 15 日左右喷防治霜霉病的农药。注意交替使用农药。

雨水多的情况下，一定要注意控制霜霉病，可以用一次氟噻唑吡乙酮，然后若套袋可再喷一次铜制剂（自配波尔多液或硫酸铜钙），与克露交替用。

41 北京市丰台区网友"甲子"问：葡萄粒上长满了斑点是怎么回事，怎么防治？

北京市农林科学院植物保护研究所 高级农艺师 徐筠答：

从图片看，是发生了葡萄炭疽病，防治措施如下。

（1）选用抗病品种。

（2）加强栽培管理，改善通风透光条件，发病初期及时摘除病叶。

（3）每年立秋时增施有机肥和磷钾肥，氮肥适量。

（4）药剂防治，可选用的药剂有80%大生-M45可湿性粉剂800倍液、75%百菌清可湿性粉剂600倍液、50%轮纹宁600倍液、70%甲基托布津600倍液、1∶0.5∶200式波尔多液。

每15天防治1次，喷3～5次。以上药剂加入有机硅渗透剂，可增加药效，注意交替使用药剂，1∶0.5∶200式波尔多液可于生长早期的晴天使用。

42 北京市房山区穆先生问：葡萄落叶落果是得了什么病，怎么防治？

北京市农林科学院植物保护研究所 高级农艺师 徐筠答：

从图片看，是发生了葡萄霜霉病。防治葡萄霜霉病要在发病中心出现时，使用针对性强、铲除作用好的农药品种。包括：53%金雷多米尔-锰锌500倍液和58%雷多米尔-锰锌400倍液；50%烯酰吗啉1200倍液；64%杀毒矾500倍液；72%克露600～750倍液。69%安克·锰锌800倍液。上述农药每年使用2次，还应注意轮换使用。北京地区一般在6月15日左右和7月15日左右各喷布一次。除关键时期喷布外，其他时期防治病害所用的铜制剂，如波尔多液、达克宁等农药，对霜霉病都有一定的预防作用。

北京市丰台区刘女士问:大棚葡萄是发生了什么病,怎么防治?

北京市农林科学院植物保护研究所 高级农艺师 徐筠答:

从图片看,是发生了葡萄灰霉病。

防治措施如下。

(1)花期前后及时喷药保护,喷石灰少量式波尔多液。

(2)保护地应避免浇水过多,及时通风排湿,避免昼夜温差过大。

(3)应避免偏施氮肥,适当增施磷钾肥。

(4)发病后要及时摘除病果、病穗,并喷药防治。

(5)可选用的药剂有50%扑海因1000~1500倍、50%速克灵1000~2000倍、10%多氧霉素1000倍、70%甲基托布津1000倍、48%多菌灵800~600倍。以上药剂均可加入有机硅3000倍液,提升防治效果。另外还可选择啶酰菌胺、嘧霉胺、吡唑醚菌酯加啶酰菌胺等喷雾。

44 山西省网友"懂云"问：葡萄缺铁喷了硫酸亚铁效果不好，有什么办法能使叶片快速转绿？

北京市农林科学院林业果树研究所 研究员 鲁韧强答：

叶面喷硫酸亚铁容易氧化固定，效果不好。可以喷EDTA螯合铁，因为螯合铁利于吸收和运输，叶片转绿效果好。同时，应对缺铁植株进行控水和松土透气。

45 北京市房山区吴女士问：巨峰葡萄是怎么回事，如何预防？

第二部分 果树

北京市农林科学院植物保护研究所 高级农艺师 徐筠答：

从图片看，是发生了葡萄黑痘病。葡萄黑痘病一般在5月下旬至6月上旬温度升高后（巨峰葡萄开花期）开始发病，发病盛期在6月中旬至7月上旬，嫩叶、幼果、嫩梢等最易感病。偏施氮肥、新梢生长不充实、秋芽发育旺盛的植株，以及果园土质黏重、地下水位高、湿度大、通风透光差的均发病较重。

防治措施如下。

（1）苗木消毒。常用苗木消毒剂有10%～15%硫酸铵溶液、3%～5%硫酸铜液、波美3～5度石硫合剂等，将苗木或插条在上述任意一种药液中浸泡3分钟，取出即可定植或育苗。

（2）避免单独、过量施用氮肥。

（3）萌发前喷洒波美3～5度石硫合剂。

（4）在葡萄生长期，自展叶开始至1/3果实成熟，每15～20天喷一次药，药剂可用50%多菌灵可湿性粉剂1000倍液、80%代森锌可湿性粉剂600倍液、75%百菌清750倍液。发病时用40%福星乳油8000倍液或腈菌唑1500倍液，交替使用2～3次。以上药剂可加入有机硅3000倍液。打药浓度不能过高，喷施药剂要全面、细致，雾化好一些。

46 北京市门头沟区张女士问：葡萄叶是发生了什么病，怎么防治？

北京市农林科学院植物保护研究所 高级农艺师 徐筠答：

从图片看，葡萄下部老叶片脉间失绿并逐渐干枯，是缺镁症的症状。缺素的叶片在高温季节会加速衰败。雨季病害频发，可结合防治葡萄其他病害喷药，加入 0.3% 硫酸镁对缺素叶片进行矫治。矫正干枯面积大的叶片困难，但可使上部叶片不再缺素。

47 北京市房山区网友"吴菲房山"问：葡萄有的枝条已死，是发生了什么病，怎么防治？

北京市农林科学院植物保护研究所 高级农艺师 徐筠答：

从图片看，是发生了葡萄根癌病。病原细菌在土壤中越冬，病瘤破裂后，散落在土壤中的细菌可存活1年以上，主要从茎基部的伤口侵入。有效药剂有农用链霉素、晶体石硫合剂等。

(六)草莓

第二部分 果树

48 北京市海淀区网友"男得糊涂"问:草莓苗子是发生了炭疽病吗?

北京市农林科学院林业果树研究所 副研究员 董静答:

从图片看,像是发生了草莓空心病,叶柄好像有炭疽病病斑。草莓空心病用春雷霉素加喹啉铜、噻霉酮加噻菌铜,每5~7天交替灌根、喷叶。炭疽病用咯菌腈加精甲霜灵锰锌加咪鲜胺、嘧菌酯加恶霉灵,间隔3~5天。

49 北京市昌平区江先生问:草莓叶子发黄发红,像锈一样的颜色,草莓不长大,怎么回事?

北京市农林科学院蔬菜研究所 推广研究员 陈春秀答：

从图片看，草莓叶片已经被红蜘蛛危害得很严重了。建议及时打药，可以用哒螨灵、阿维菌素等药剂防治。每隔7天打药一次，连续3次。

 50 北京市平谷区某同志问：草莓死苗，根是红色的，发生了什么病？怎么防治？

北京市农林科学院植物保护研究所 副研究员 黄金宝答：

从图片看，是发生了草莓红中柱病，有人说是生理病害，有人说是炭疽病菌所致，还没有定论，但用防治炭疽病的药剂有效。

 51 北京市昌平区某同志问：草莓是发生了白粉病吗？怎么防治？

第二部分　果树

北京市农林科学院植物保护研究所　副研究员　黄金宝答：

从图片看，是发生了草莓白粉病。

防治草莓白粉病，首先要及时清除病残体：将病叶、病花（梗）和病果等摘下，及时装入袋内带走。其次是使用药剂防治：在晴天上午用药剂防治，可用药剂为乙嘧酚、凯润、福星、硝苯菌酯、露娜森等。上述药剂，每次用一种，可轮换用药，但尽量不要混用，为减缓病菌抗药性的产生，每次可加上百菌清或代森锰锌保护剂。最后是打完药后关闭棚室，待提高 6 ~ 8 ℃后再放风，注意放风一定要从小逐渐变大，以防风闪，共需 3 ~ 4 次，间隔期为 7 ~ 10 天。

52 北京市朝阳区网友"Jack Frost"问：花盆里种的草莓，叶片边缘发黑，果子绿色时不长，是怎么回事？

北京市农林科学院林业果树研究所　研究员　鲁韧强答：

从图片看，草莓老叶片干边，是缺钾症的症状。可以土施硫酸钾，叶面喷施 0.3% 磷酸二氢钾矫正。钾元素是膨果肥，一旦缺钾，果实就生长缓慢，成熟着色也晚。

53 湖北省网友"峰中有韵"问：草莓长不大什么原因？

北京市农林科学院林业果树研究所 研究员 鲁韧强答：

草莓长不大的原因有很多，如肥水不足、光照不足、草莓长势弱和授粉较差等都可能影响果实生长。从图片看，草莓秧细弱、种植地点光照不足、果实畸形授粉不良，都会影响产量和果实大小。

54 北京市大兴区网友"三水城区草莓园"问：露地草莓前期如何合理施肥和用药，如何有效控制成本，减少人工费？

北京市农林科学院林业果树研究所 副研究员 董静答：

定植前要施足底肥，在生长季适当追肥。可以在花芽分化后增施一次氮肥；开花前后追施一次三元复合肥；也可以采用叶面喷肥的方式，前期喷施尿酸，花期喷施磷酸二氢钾和硼砂，或者选用合适的叶面肥。病虫害以预防为主，选用抗病品种和健壮无病植株，露地草莓应预防草莓白粉病、炭疽病、根腐病等病害，蚜虫、蓟马等虫害，植株成活和越冬后应及时进行植株管理，去除老叶、病叶，减少病原物，降低虫口密度，及时打药预防。草莓栽培需要大量劳动力，在选址、土壤消毒、选苗、定植、植株管理、铺地膜、合理控草、及时用药等各个技术环节，应按时、保质保量做到位，选用适当的农业机械可以在一定程度上减少人工费用。

(七)其他果树

55 北京市房山区张女士问：核桃树叶发黄、干枯，是怎么回事？

北京市农林科学院林业果树研究所 研究员 鲁韧强答：

从图片看，是发生了缺镁症。可以在防治病害时，在药剂中加入 0.3% 硫酸镁矫治。有些叶片已干边，现在防治有些晚了，应该在刚显现症状时补镁，效果好。下一年，最好 5 月就开始补镁，防止出现干叶。

56 湖北省胡先生问：核桃果子怎么了？

北京市农林科学院林业果树研究所 研究员 鲁韧强答：

从图片看，核桃幼果的环痕不像是发生了病害，像是农药产生的药害。幼果的果顶部位有药滴聚集，使幼嫩的果皮受到伤害而生长慢，形成明显的环痕。

57 北京市房山区网友"好运来"问：核桃树是发生了腐烂病吗？刮皮涂过氧乙酸有用吗？

北京市农林科学院植物保护研究所 高级农艺师 徐筠答：

核桃树可能有两种情况：①请削一块病皮闻闻有无酒糟味，有酒糟味，可能是发生了腐烂病，可按枝干腐烂病防治。②核桃树处于伤流期，在这个时期如果树干或大枝有伤口，就会有树液流出，再过些天新梢展叶快速生长，就不流水了，不用打药。

58 河北省沧州市梁先生问：种在泡沫箱里的柿树，叶子发黄，落叶，是怎么回事？

北京市农林科学院林业果树研究所 研究员 鲁韧强答：

从图片看，这棵盆栽柿树生长正常。一般果树在连阴雨的情况下光合产物少，且土壤透气性差，根系吸收矿质元素少，而新梢生长快，导致生长竞争加剧，使新梢基部小叶失绿而脱落。这是暂时出现的现象，对果树生长无大碍。

59 北京市丰台区网友"甲子"问：柿树有大量的毛虫，是什么虫，怎么防治？

北京市农林科学院植物保护研究所 高级农艺师 徐筠答：

从图片看，柿树上的虫子是美国白蛾，防治措施如下。

第一代幼虫破网前、幼虫处于 1～2 龄幼虫期为最佳防治时期。

（1）人工防治：在幼虫 3 龄前组织人员剪除网幕并集中处理。若幼虫已分散，就很难防治，应在幼虫下树化蛹前采取树干绑草的方法诱集下树化蛹的幼虫，每 7～9 天换一次草把，将草把集中烧毁。

（2）利用美国白蛾性诱剂或环保型昆虫趋性诱杀器诱杀成虫。在成虫发生期，把诱芯放入诱捕器内，将诱捕器挂设在林间，直接诱杀雄成虫，阻断害虫交尾。

（3）药剂防治：因化学农药极易产生抗性，所以尽量避免用化学农药防治，可选择微生物源农药或昆虫生长调节剂防治。可选用 25% 灭幼脲 2000 倍液、24% 米满胶悬剂 8000 倍液、卡死克乳油 8000～10 000 倍液、20% 杀铃脲悬浮剂 8000 倍液、1% 苦参碱可溶性液剂或 1.2% 苦·烟乳油 3000 倍液、1.8% 阿维菌素 3000 倍液、苏云金杆菌（BT）。在幼虫 1～2 龄时喷布 BT 乳剂 1000 倍液或菌粉 200 倍液。以上药剂均可加入有机硅助剂 3000 倍液提升效果，药剂共用 2～3 次，每次间隔 5～7 天。

浙江省温州市萧先生问：阴雨天爱媛柑橘小树新梢发黄，是怎么回事？

北京市农林科学院林业果树研究所 研究员 鲁韧强答：

从图片看，应该是由连阴雨、土壤透气差造成新梢生长快叶色浅，同时显现了缺铁症的症状。目前，只有个别新梢出现这种现象，待晴天后可自行转绿。此外，新梢中部叶片生长不正常，可能是由缺锰症造成的。可在防治病虫害喷药时加0.3%硫酸锰矫正。

 湖北省丹江口市李先生问：柑橘是发生了什么病，怎么防治？

北京市农林科学院林业果树研究所 研究员 鲁韧强答：

从图片看，是发生了柑橘脂斑病。病菌以菌丝体或子囊壳在病枝叶或病果上越冬。翌年春季气温升高，病组织上的菌丝发育，产生分生孢子并借风雨传播，萌发芽管以侵入寄主引起发病。此后再长出分生孢子多次侵染。高温多湿气候有利发病，6—8月是橘园主要发病期。

防治措施：发病前喷70%多菌灵悬浮剂加75%达科宁可湿性粉剂各800倍液，或者多菌灵加53.8%可杀得贰千悬浮剂1000倍液，每15天喷1次，共2～3次。

62 江西省网友"于哥"问：部分柑橘结了几个果，没有结果的长出了好多新枝，用不用修剪？

北京市农林科学院林业果树研究所 研究员 鲁韧强答：

柑橘的整形修剪应与北方果树的原则基本一致，但枝组形成与促花方法则大不相同。柑橘一年多次发枝生长，春梢作为扩大树冠和形成枝组的基础；多数夏梢则要抹除，易扰乱树冠，影响通风透光，因此只在缺枝部位保留；秋梢形成结果母枝，即成花结果的枝，因此要在7—8月剪截新梢，促发充实秋梢，增加结果母枝数量；冬梢则生长晚、成花差，即便成花也是晚花，没有生产价值，一般也要抹除。加强夏剪截梢，促发秋梢，对多结果很关键，因此柑橘后发长梢应结合整形剪截，既可增加枝量，又可增加结果母枝早结果。促发的秋梢停长后，应及时环割和喷生长抑制剂促进花芽分化。

63 北京市顺义区石先生问：枣树几年不结枣是什么原因？

北京市农林科学院林业果树研究所 研究员 鲁韧强答：

枣树不结枣的原因很多，如枣头多而生长旺，与花、幼果争夺营养，不利于坐果；枣树喜高温，花期温度在25℃时坐果好，若花期温度低则坐不住果；若花期遇低温、阴雨则影响昆虫授粉；若花期干旱，花朵衰老快，也会影响坐果，故傍晚喷清水可提高坐果率。提高坐果的措施：初见开花后，环剥大枝或主干；对除延长枝以外的枣头重摘心；盛花期喷 15 ppm 的赤霉素。

 北京市房山区网友"大海"问：枣树叶都掉了，枣蔫巴了，怎么回事？

北京市农林科学院林业果树研究所 研究员 鲁韧强答：

从图片看，枣树叶子掉光，可能与叶片得枣锈病有关，观察叶背面有没有像铁锈般的粉状物，若有就是由枣锈病造成的落叶；若没有锈病，就是涝害所致，应立即在树两侧挖 50 cm 深的土坑沥水透气挽救。

65 北京市延庆区刘先生问：榛子树叶色发白是怎么回事？

北京市农林科学院林业果树研究所 研究员 鲁韧强答：

从图片看，榛子树新梢后发幼叶，叶片小而叶脉失绿，可能为缺硼症的症状。可喷施 0.3% 硼砂加 0.2% 硫酸锌矫正。

66 北京市延庆区刘先生问：榛子叶有褐色斑点且干枯，是什么问题？

北京市农林科学院林业果树研究所 研究员 鲁韧强答：

从图片看，叶片局部干枯不像发生了病害，更像是发生了日灼伤。日灼伤的叶片易出现在弱树上，以及西南面阳光直射的叶片。弱势树水分蒸腾不足以降低叶面过高温度而发生灼伤。旺势树吸收水分足，对温度调节能力强，不易发生日灼伤。

67 北京市丰台区网友"甲子"问：山楂树得了什么病？大部分树叶都黄了，怎么防治？

北京市农林科学院林业果树研究所 研究员 鲁韧强答：

从图片看，山楂树新梢顶部新叶发黄，是典型的缺铁症。叶面喷硫酸亚铁容易氧化固定，效果不好，可以喷 EDTA 螯合铁，因为螯合铁有利吸收和运输，叶片转绿效果好。此外，庭院土壤中石灰质等物质多，土壤碱性大，植物也易缺铁。调节土壤酸碱度，按树冠占地面积，每平方米施 200 g 硫黄粉加 100 g 硫酸亚铁，地面撒施，浅翻土后灌水，促进根系对铁元素的吸收。

68 北京市延庆区网友"行天下（妫氺）"问：白海棠得了什么病，怎么防治？

北京市农林科学院植物保护研究所 高级农艺师 徐筠答：

从图片看，是发生了褐斑病。该病病菌可产生毒素，促进叶柄离层的形成，使叶片脱落。病菌在落叶上越冬，一年中可以多次侵染，一般于5月进行初次侵染，6月在树体下部叶片上可见少量病斑。7—9月病叶急剧增加。防治措施如下。

应及时清扫落叶，减少越冬病原，雨季及时排除积水，降低果园湿度，加强夏剪，改善通风透光。使用农药是重要手段之一，可使用农药有1∶2∶（200～240）式波尔多液；77%蓝盾铜可湿性粉剂600倍液；56%靠山水分散粒剂700～800倍液；86.2%铜大师可湿性粉剂800～1200倍液；12%绿乳铜悬浮剂1000～1200倍液；50%必绿可湿性粉剂3000～4000倍液；12.5%歼菌可湿性粉剂800～1000倍液；75%达科宁可湿性粉剂600～800倍液加有机硅3000倍液；80%大生M-45可湿性粉剂600倍液加有机硅3000倍液。

6月底以前使用达克宁、大生 M-45。进入 7 月后，可以使用波尔多液等铜制剂，这些农药都是保护性杀菌剂。喷雾必须使叶片正反面均匀着药效果才好。15 天左右喷 1 次，一般于 8 月底结束。秋雨多的年份可到 9 月中下旬结束喷药。每年 8 月 20 日左右增施有机肥。

69 湖北省李先生问：桑葚刚长出来是青色的，为什么还没成熟就变白了？

北京市农林科学院林业果树研究所 研究员 鲁韧强答：

桑树花期遇 3 月中旬低温，很多开花早的花序被冻落，一些幼果受冻而发育不正常。这些桑果未熟变白，可能与冻害有关。

70 北京市顺义区石先生问：盆栽无花果落果是什么原因？

北京市农林科学院林业果树研究所 研究员 鲁韧强答：

盆栽无花果落果的原因有很多，如无花果喜光，若放在较荫蔽的地方，叶片光合作用较弱，制造的养分少，不能满足果实生长的需要而发生落果；如果盆栽浇水不及时，土壤干旱，导致树体缺少水分，叶片与果实争夺水分，使果实萎蔫而脱落；浇水过多，导致烂根或根系呼吸困难，也会发生落果。具体原因，可对照分析后进行矫正。

第三部分

粮食作物

（一）玉米

第三部分　粮食作物

1 河北省保定市农民问：玉米新叶有黄条，是怎么回事？

北京市农林科学院玉米研究所　副研究员　尉德铭答：

从图片看，是发生了玉米矮花叶病毒病。

防治措施：苗期及时喷 50% 抗蚜威可湿性粉剂 3000 倍液或 10% 吡虫啉可湿性粉剂 2000 倍液防治，减少病害发生。

2 北京市海淀区网友"腾达"问：玉米雨后一周出现大面积黄叶、烂心，是什么原因？

北京市农林科学院玉米研究所 副研究员 尉德铭答：

从图片看，是发生了典型的顶腐病。发病原因如下。

（1）品种原因。种子带菌，不同品种间抗性有差异。

（2）种植条件原因。通常土地黏重、地势低洼地块发病重，山坡地发病较轻。另外，耕作粗放、土壤肥力差的地块发病重。

（3）气候原因。低温、多雨、寡照天气多的年份，顶腐病往往发病较重。另外，玉米成株期长期遭遇高温高湿天气，易发生该病。高温、多雨、强光照等气候条件，非常有利于玉米顶腐病的发生。

防治方法如下。

（1）加快铲趟进度，促进玉米秧苗的提质升级。要充分利用晴好天气加快铲趟进度，排湿提温、消灭杂草，以提高秧苗质量，增强抗病能力。

（2）及时追肥。玉米生育进程进入大喇叭口期，要迅速对玉米追施氮肥，对发病较重地块更要做好及早追肥工作。同时，做好叶面喷施微肥和生长调节剂工作，促苗早发，补充养分，提高抗逆能力。

（3）科学合理地使用药剂。对发病地块可用广谱杀菌剂进行防治，如50%多菌灵可湿性粉剂500倍液或70%甲基托布津加蓝色晶典多元微肥型营养调节剂600倍液或"壮汉"液肥500倍液均匀喷雾。

北京市通州区王女士问：玉米苗都被喜鹊吃了，有什么好的防治方法吗？

北京市农林科学院玉米研究所 副研究员 尉德铭答：

玉米苗被喜鹊拧断或吃掉只能补种，严重的需要重新播种。下面介绍一些防止鸟吃的方法。

（1）假人驱赶、扎稻草人。

（2）声音驱赶、放驱鸟器。

（3）人工定时看护，看护时间主要集中在鸟类每天的活动高峰期，一般是上午6点到10点，下午4点到7点，看见有鸟在玉米地上空盘旋或已经飞下来，就大声驱赶，这样玉米的受害程度有所减少，但是这种办法比较费人工、费时间。

（4）播种后及时覆盖防鸟网，同时可将1 m长的木棍、竹竿等在地里间隔插放，然后把家里的废磁带条缠在上面，这样风一刮且经过太阳照射，磁带条不停地动，还反射光线，这样鸟类就不敢来了。

北京市房山区网友"好运来"问:糯玉米苗长到这个阶段用追肥吗?

北京市农林科学院玉米研究所 副研究员 尉德铭答:

从苗龄上看,糯玉米正处于拔节期和穗分化期,应该追肥、浇水。此外,糯玉米心叶卷曲发黄,是顶腐病的症状,建议请当地植保站帮助用户分析防治。

 北京市房山区网友"好运来"问:玉米苗上出现了青虫子,应该打什么药?

北京市农林科学院玉米研究所 副研究员 尉德铭答:

苗期出现的青虫子主要有黏虫或菜青虫或棉铃虫,每亩可用甲维盐加高效氯氟氰菊酯(2% ~ 5%乳油30 mL兑水50 kg)喷雾防治。

6 河北省唐山市石先生问:玉米是得了什么病,怎么防治?

北京市农林科学院玉米研究所 副研究员 尉德铭答:

从图片看,玉米是感染了褐斑病。

发生规律:病菌以休眠孢子囊在土壤或病残体中越冬,第二年病菌靠气流传播到玉米植株上,遇到适宜的条件萌发,产生大量游动孢子,游动孢子在叶片表面上的水滴中游动,并形成侵染丝,侵害玉米幼嫩组织,主要危害玉米叶片、叶脉和叶鞘。若7月、8月温度高、湿度大,阴雨日较多,易发病。在土壤瘠薄、后期脱肥的地块,病害发生严重。

防治方法如下。

(1) 选种抗性好的品种。

(2) 农业措施。玉米收获后清除田间病残体组织,重病地块秸秆不宜直接还田,如需还田应充分粉碎,并深翻,以减少田间菌源。必要时,实行3年以上轮作。施足底肥,适时追肥,促进玉米生长健壮,以增加抗性。一般应在玉米4~5叶期追施苗肥尿素(或氮、磷、钾复合肥)10~15 kg/亩。注意田间排水,降低湿度。

(3) 药剂防治。提前预防:在玉米4~5叶期,用15%粉锈宁可湿性粉剂1000倍液叶面喷雾,可预防褐斑病的发生。及时防治:玉米发病时,可用25%粉锈宁可湿性粉剂1500倍液叶面喷雾,或者50%扑海因可湿性粉剂1500倍液喷雾、12.5%禾果利(烯唑醇)可湿性粉剂1000倍液喷雾。为了提升防治效果可在药液中适当加入叶面宝、磷酸二氢钾、尿素类叶面肥,促进玉米健壮,提高玉米抗病能力。

近期有文献报道,用苯醚甲环唑·丙环唑等加磷酸二氢钾加有机硅制成喷雾,每7天喷施一次,防治褐斑病及其他叶斑病效果都很好。

(二)小麦

7 北京市怀柔区刘女士问：小麦地里野麦子太多了，都超过小麦的高度了，有没有好的办法去除？

北京市农林科学院杂交小麦研究所 高级农艺师 单福华答：

野麦子外观长得很像小麦，并同属于禾本科，能防除的除草剂不多。大部分防除野麦子的除草剂对小麦不够安全，使用不当容易发生药害。

防治野麦子的除草剂：炔草酯、氟唑磺隆、啶磺草胺、甲基二磺隆等除草剂。

最佳用药时间在冬前小麦三叶一心期后（小麦播种后的35～40天）或小麦浇封冻水前温度在10度以上的时候，采取药剂防除。

此时野麦子是4叶期前后，大部分杂草已经长出且草龄较小，容易防治。最好在小麦浇封冻水之前完成防除，一般不提倡春天用药。如果错过防治的最佳时机，小麦已进入拔节期，最好停止用药，采取人工拔除，此时喷除草剂效果不好，且用药量很大，对小麦的生长不利且易发生药害。

对于野麦子较多的地块进行合理轮作，深耕或休耕。晚播麦和麦苗弱不能喷施除治野麦子的药剂。初冬施药时，应注意选择晴朗暖和的天气用药，即在气温高于 10 ℃以上时喷施。药物一定要二次稀释，用水量要足，不能重喷、漏喷。

8 河北省网友"龙江河北"问：麦子叶尖发黄是怎么回事？

北京市农林科学院杂交小麦研究所 高级农艺师 单福华答：

从图片看，麦子基部有损坏的，是由地下害虫或浇水不匀干旱造成的，或者是由肥力差造成的。

9 河北省沧州市网友"小北"问：小麦是怎么回事？

北京市农林科学院杂交小麦研究所 高级农艺师 单福华答：

如果打过除草剂，可能是除草剂引起的药害所致。

10 河北省沧州市网友"小北"问：小麦新叶发黄是怎么回事？

北京市农林科学院杂交小麦研究所 高级农艺师 单福华答：

如果没打药，就是由前几天低温造成的。

11 北京市大兴区某女士问：小麦春季啥时候镇压合适？

北京市农林科学院杂交小麦研究所 高级农艺师 单福华答：

小麦春季镇压的时间应在2月中下旬气温达到5 ℃、表土化冻5 cm左右、麦苗叶片变软时进行，重点对干土层在4 cm以上和坷垃多的麦田进行。对晚弱苗镇压要谨慎，出现埋苗压苗应停止镇压，以免影响返青。

12 北京市大兴区刘先生问：怎样判断小麦的返青期？

北京市农林科学院杂交小麦研究所 高级农艺师 单福华答：

小麦返青期是指小麦心叶开始生长到小麦起身之前的时间，一般是在每年2月中旬到3月中旬，大约历时1个月。小麦返青期有半数以上的麦苗心叶长出1~2 cm（俗语说"春生一叶"）。小麦具体返青时间的早晚和返青速度的快慢，需要结合当地的具体气候温度状况，正常情况下，在当地日平均气温连续5天及以上稳定在0 ℃以上时，这时候麦田中的麦苗就会进入心叶缓慢生长的返青期了。

(三)其他作物

13 河北省唐山市网友"唐山老侯"问：稻子是发生了什么病害，怎样防治？

北京市农林科学院杂交小麦研究所 高级农艺师 单福华答：

从图片看，是发生了稻曲病。防治方法如下。

（1）选种抗耐品种，避免病田留种，深耕翻埋菌核，发病时摘除并销毁病粒；科学灌水，底肥足、追肥早、施充分腐熟的农家肥、增施磷钾肥，增强植株抗病能力；合理密植，增加通透性。

（2）药剂拌种，可亩用3%苯醚甲环唑悬浮种衣剂50 mL拌种。也可100 kg种子用15%粉锈宁可湿性粉剂300～400 g拌种。

（3）发病初期，可选用以下药剂防治：戊唑醇；肟菌·戊唑醇或腈苯唑。破口期使用全树果加田清清（噻呋戊唑醇）加速过渡到齐穗期，对稻曲病有较好的防治效果。

14 北京市密云区网友"山里人家"问：高粱是得了什么病，怎么防治？

北京市农林科学院玉米研究所 副研究员 尉德铭答：

从图片看，高粱是于苗期感染了炭疽病，从苗期到后期均可染病。病原菌来源为种子、病株残体和杂草。

防治方法：可以用50%多菌灵可湿性粉剂800倍液、50%苯菌灵可湿性粉剂1500倍液、25%炭特灵可湿性粉剂500倍液等喷雾防治。

15 北京市密云区网友"山里人家"问：谷子顶心死了，是得了什么病，怎么防治？

北京市农林科学院杂交小麦研究所 高级农艺师 单福华答：

从图片看，像是发生了谷子白发病。

谷子白发病是系统侵染的土传病害，侵入时间主要在播种至出苗前。防治方法如下。

（1）选用抗病品种，进行轮作倒茬。选用抗病品种是预防谷子白发病的先决条件。卵孢子在土壤中可存活 2～3 年，应与大豆、高粱、玉米、小麦和薯类等轮作 3～4 年。

（2）种子处理。在播种前可使用温汤浸种的方法杀灭种子表面的白发病菌，具体做法为：55 ℃温水浸种 10 分钟，然后用清水漂洗，去除秕粒，晾干后再用 35% 甲霜灵拌种剂拌种或使用包衣，种子就能大幅降低发病率。

（3）施用无菌堆肥。谷田不要使用带病菌谷子秸秆和脱粒后场院残余物堆沤的有机肥。

（4）人工拔除病株，烧毁或深埋，防止病菌继续侵染危害，降低田间病原量。

（5）化学防治。药剂可选用保护兼治疗的药物，如霜脲·锰锌、甲霜灵锰锌、烯酰氰霜唑等治疗霜霉病的药物，间隔 7 天可再用药一次。应结合谷瘟病等其他病虫害混合用药。

该病是系统侵染的病害，预防此病应以选用抗病品种、使用包衣种子、轮作倒茬为主要措施。

16 甘肃省网友"兰州市高原夏菜存芳"问：红薯是怎么回事？

北京市农林科学院玉米研究所 副研究员 尉德铭答：

从图片看，红薯是由茎线虫病造成的糠心，最好不要吃了。

17 辽宁省农户问：红薯种植过程中需要掐尖吗？

北京市农林科学院杂交小麦研究所 高级农艺师 单福华答：

红薯掐尖就是掐断红薯藤蔓伸展的顶尖，促使养分流向薯块生长的一种控旺方式。

如果种植面积小可以通过掐尖，促进薯块生长；如果种植面积大，通过提蔓，使不定根脱离地面也可以有相同效果。

掐尖或提蔓后，为了补充养分，可以增施肥料。促进茎蔓分化，就要多施钾肥；想要让块根膨大，就要多施氮肥。

不是所有的红薯都需要掐尖或提蔓，现在已经研究出各个品种的红薯，有专门吃叶茎的，有长蔓、短蔓等品种，想在田间省事，栽植时就选一些短蔓品种，这样就不用担心打尖了。

18 北京市平谷区某同志问：露地种花生，叶子上有黑斑，是得了什么病？怎么防治？

北京市农林科学院植物保护研究所 副研究员 黄金宝答：

从照片看，是发生了花生叶斑病，属真菌病害，高湿、降水有利于病害的发生与流行。防治该病，除选用抗病品种、避免重茬等措施外，在发病前和发病初期，可用75%百菌清可湿性粉剂600～800倍液进行预防，发病后可用50%多菌灵可湿性粉剂1500倍液、75%托布津可湿性粉剂1500～2000倍液、80%代森锰锌400倍液等，对花生叶斑病都有一定的防治效果。

19 北京市大兴区网友"雨润浓庄"问：花生是得了什么病，怎么防治？

北京市农林科学院玉米研究所 副研究员 尉德铭答：

从图片看，是发生了普通花叶病。带有普通花叶病病毒的种子，成为田间的初侵染源。可使用脱毒剂1号或脱毒剂2号处理种子，在发病初期喷0.5%抗毒丰AS 300倍液或10%病毒王可湿性粉剂500倍液。也可选用唑醚·代森联、戊唑醇、代森锰锌、苯甲·溴菌腈等药剂防治。

20 北京市延庆区李先生问：大豆秧长得正常，豆角也正常，但是豆荚里无大豆是怎么回事？如何避免？

北京市农林科学院杂交小麦研究所 高级农艺师 单福华答：

造成花而不实的原因除品种选择不当外，主要还有以下3个原因。①开花后气象因素不利。大豆生长中遇到高温或低温都会使其光合作用下降，不利于大豆开花结实。②土壤营养元素比例失调。硼是促进大豆花荚形成、生长的重要微量元素，缺硼可诱发大豆花而不实。③施肥不当。底肥施氮过量，营养生长旺盛，植株高、分枝多，田间通透性差导致花而不实。每亩可用磷酸二氢钾 50～100 g 兑水 50 kg，于晴天傍晚喷施，喷施部位以叶片背部为主。开花后每隔 7～10 天喷 1 次，连喷 2～3 次。如遇缺硼地块，可加硼 100 g 与磷酸二氢钾同时喷施以平衡养分，促进结实，提高产量。温度过高或过低：大豆开花授粉的适宜温度为 20～25 ℃，超过 35 ℃雄蕊就会死亡，适宜的相对湿度为 70%～90%。大豆开花结荚期间，如果遭遇持续高温干旱天气，会使大豆不开花或少开花，或者开花但不结实。

第四部分 花卉

1 浙江省丽水市网友"西米露"问：四季秋海棠得了什么病，怎么防治？

北京市农林科学院蔬菜研究所 高级工程师（教授级）周涤答：

从图片看，主要是由根系受损造成的生理性病害。

四季秋海棠喜凉爽通风环境，适宜的温度为18～25 ℃；喜疏松透水性良好的基质，需要光照充足。忌长时间潮湿、缺光等。

夏季种植环境温度高，特别是在夜温高于25 ℃且相对湿度较高等因素影响下，如果浇灌过多，极易诱发茎根腐烂，应消除环境不利因素；环境设施条件不能满足四季秋海棠生长条件时，应避开夏季（高温高湿季节）进行大面积生产；露地栽培应选择地势排水良好的地块栽植。

设施栽培应加强通风和温度控制，避免植株码放密集，同时严格水肥管理，做到有规律浇灌。定期施肥和喷洒代森锰锌等杀菌剂，预防病害发生。

第四部分 花卉

2 北京市昌平区刘先生问：去年没有开花的扶桑长势很好，需要施肥吗？

北京市农林科学院蔬菜研究所 高级工程师（教授级）周涤答：

从图片看，扶桑长势确实很好，但之前已经出现不花现象，应当定期施用开花肥，减少氮肥比例，控制营养生长。修剪方面可以适当去掉顶芽，也可以起到控制枝叶旺盛生长，促进花芽分化。

3 北京市房山区陈先生问：金银花是得了什么病，怎么防治？

北京市农林科学院蔬菜研究所 高级工程师（教授级）周涤答：

从图片看，是发生了金银花褐斑病。可以采取下列防治方法。

1. 农业防治

结合修剪，除去病枝病叶，清扫地面落叶，集中烧毁或深埋，减少病菌侵染源。加强田间管理，提高植株抗病力，增施有机肥，控制施用氮肥，多施磷、钾肥，促进植株健康生长，增加抗病力；多雨季节应及时排水，降低土壤湿度；改善通风透光条件，利于控制病害的发生。

2. 化学防治

发病初期用 70% 甲基硫菌灵可湿性粉剂 800 倍液或扑海因 1500 倍液等喷雾防治，每周喷 1 次，连喷 2～3 次。

4 北京市大兴区网友"福禄超"问：种的花草都被一种植物缠死了，这是什么植物，怎么防治？

第四部分 花卉

北京市农林科学院草业花卉与景观生态研究所 副研究员 田小霞答：

从图片看，可以判断是菟丝子。菟丝子是一种寄生植物，防治时应将人工铲除与药剂防治结合，应重视以下环节。

1. 加强栽培管理

结合苗圃和花圃管理，于菟丝子种子未萌发前进行中耕深埋，使之不能发芽出土（一般埋于3 cm以下便难以出土）。

2. 人工铲除

春末夏初检查苗圃和花圃，一经发现立即铲除，或者连同寄生受害部分一起剪除，由于其断茎有发育成新株的能力，故剪除必须彻底，剪下的茎段不可随意丢弃，应晒干并烧毁，以免再传播。在菟丝子发生普遍的地方，应在种子未成熟前彻底拔除，以免成熟种子落地，增加翌年侵染源。

3. 喷药防治

在菟丝子生长的5—10月，于树冠喷施6%草甘膦水剂200～250倍液，（5—8月用200倍液，9—10月气温较低时用250倍液）施药宜在菟丝子开花结籽前进行。也可用敌草腈（每亩施用0.25 kg），或者鲁保一号（每亩施用1.5～2.5 kg），或者3%五氯酚钠，或者3%二硝基酚防治。每10天喷1次，最好喷2次。

5 福建省福州市陈先生问：黄杨叶片枯萎的速度很快，根系有没有问题？

北京市农林科学院林业果树研究所 研究员 白金答：

黄杨呈现这种状态的原因可能有以下两种。

（1）苗木浇水不均，死苗地方前期长时间缺水，夏季到来蒸腾加快，使苗木出现萎蔫或死亡，雨季到来前期不缺水的黄杨苗迅速生长，这时人们才发现苗木生长差异，但为时已晚。

（2）不排除发生了黄杨枯萎病的可能。建议苗木喷2次杀菌剂，如用恶霉灵1000倍液喷施。若发现有虫害发生，可加入一些杀虫剂。

总体上要加强肥水管理，确保苗木生长健壮，以提高抗病能力。

6 北京市海淀区郑女士问：办公室养的蟹爪兰，越长大，上面的叶片越薄，有的都蔫了，是怎么回事？能补救吗？

北京市农林科学院蔬菜研究所 高级工程师（教授级）周涤答：

这与长期光照不足、季节性休眠有关。

蟹爪兰有夏季休眠的习性，通常生长停滞，此时应避免或减少浇灌，利于其安全越夏；秋季后进入快速生长期，应进行上部修剪，去掉上部1/3左右的叶片，同时结合换土增施有机肥；秋末花芽分化前增施磷钾肥，适当减少氮肥的施入。换土后保持土壤略潮湿，一般2～3周萌发新叶。

春、秋、冬3个季节应保证光照充足、通风良好，浇灌遵循间干间湿原则。

7 北京市朝阳区柴先生问：办公室里的金玉满堂结果不多，是怎么回事？

北京市农林科学院蔬菜研究所 高级工程师（教授级）周涤答：

通常结果量少与株龄、营养和环境等因素有关。株龄小，则开花少；枝叶生长过于旺盛，则会抑制生殖生长；浇灌频繁也不利于开花结果；开花期施肥，特别是磷钾肥不足，也会影响开花结果。

8 山东省网友"栖霞…福源蔬菜"问：杜鹃花的叶子是怎么回事？

第四部分 花卉

北京市农林科学院蔬菜研究所 高级工程师（教授级）周涤答：

杜鹃花是由缺素引起的叶片失绿、变厚、缺少光泽和皱缩等。通常是由土壤偏碱性造成的根系吸收功能受阻。防治方法是改用酸性硫酸亚铁溶液代替自来水浇灌。

9 北京市大兴区某同志问：龙血树叶片上有斑点是怎么回事？

北京市农林科学院蔬菜研究所 高级工程师（教授级）周涤答：

龙血树叶片上有斑点是由缺肥造成的生理性病害。长期没有施肥，根际土壤偏碱性，环境干燥、叶面气孔关闭，使蒸腾作用减弱，导致养分吸收障碍等。另外环境通风不良、室温过低也会造成叶失绿变黄。

叶螨为害时，初期叶片上有黄色斑点，严重时连成片。叶螨成虫吸食枝叶，使叶片失绿，严重时叶片枯萎。但看照片中的叶斑，不像是叶螨所致，可以再检查一下全株茎叶，冬季北方室内温度高、相对湿度低、通风不良，容易诱发叶螨。

冬季不宜施肥，但应在浇灌水中加柠檬汁液，用酸性水浇灌，可以降低根际土壤碱性，促进养分吸收；无风天气，可以在中午温暖时段短暂通风，但冷空气不能直接吹向植株；经常用湿布擦拭叶片，增加叶片湿度，可促使叶面气孔张开，增强蒸腾作用，提高根际吸收能力。上述措施在冬季可以有效提高植株生长势，帮助叶片转绿、舒展。春季开始正常施肥，但仍需用酸性水浇灌。北方养护龙血树，增加冬、春季节环境的相对湿度是关键。

10 北京市房山区丁女士问：前一天晚上花叶片上有小白蛾，第二天早上叶片卷起来了，打开卷叶，其变成一条肉虫，是什么虫子？

北京市农林科学院蔬菜研究所 高级工程师（教授级）周涤答：

从图片看，是螟蛾的幼虫。虫口少时，可以人工捉杀。必要时用生物农药阿维菌素，有显著效果。

11 北京市房山区隗先生问：在路边摆放着的月季花怎样安全过冬？

北京市农林科学院蔬菜研究所 高级工程师（教授级）周涤答：

入冬前增施有机肥；合理修剪枝条，去除细弱枝、内生枝，通常保留主枝 40～60 cm；上冻前浇足越冬水，根部培土。有条件的或必要时可以搭建防风帐，利于春季返青萌芽。次年土壤解冻时及时浇灌。

12 北京市大兴区某先生问：北方地区盆栽桂花为何不易开花？

北京市农林科学院蔬菜研究所 高级工程师（教授级）周涤答：

盆栽桂花养护得当同样可以正常开花。北方盆栽桂花不开花有以下几个原因。容器相对于植株不合适；温度低于 20 ℃；土壤偏碱性或板结，不利根系生长和吸收养分；光照相对不足、环境干燥和通风不良等。

13 河北省石家庄市某同志问：山茶掉苞落蕾的原因是什么？

北京市农林科学院蔬菜研究所 高级工程师（教授级）周涤答：

山茶掉苞落蕾表明植株生长势较弱或受不利环境因素影响。山茶生长适宜的温度为 10～20 ℃，夏季温度高于 35 ℃ 不利于生长，会影响花期开花；冬季温度低于 10 ℃ 也会影响开花。因此，冬季要保证光照充足，夏季要遮阴防止曝晒。山茶喜湿润环境，开花期环境干燥会引起掉苞落蕾。盆土长期过湿，根系呼吸受阻，也会落蕾，影响开花。土壤偏碱性、缺肥也会使山茶掉苞落蕾。

14 天津市某同志问：怎样扦插繁殖月季？

北京市农林科学院蔬菜研究所 高级工程师（教授级）周涤答：

春季 4—5 月适宜扦插，秋季 8—9 月温度适宜，易生根。可以用珍珠岩、蛭石、草炭土按 1∶1∶1 混配疏松透气的土壤。枝条准备：选择健壮无病虫害的枝条，秋季可以选取开花后的枝条；下端斜剪，顶端叶片保留 2～3 片，枝条长度为 10 cm 左右，枝条蘸生根粉，插入扦插土中。用多菌灵兑水浇透，可以覆膜保持湿度，定时通风，一般 7～10 天可生根，待新叶长出、根系健壮可另行移栽。

15 河北省石家庄市马先生问：梅花如何整形修剪？

北京市农林科学院蔬菜研究所 高级工程师（教授级）周涤答：

通常需要掌握以下修剪原则：长枝短剪，密枝疏剪，剪掉弱枝，并对修剪后的断口截面进行消毒。当然也可以依据个人喜好进行造型修剪。

16 北京市石景山区王女士问：秋海棠类栽培管护中要注意些什么？

北京市农林科学院蔬菜研究所 高级工程师（教授级）周涤答：

需要肥沃、疏松、排水良好的微酸性砂质土壤。秋海棠类植株对环境空气湿度要求较高，但土壤不能过湿，否则容易引起烂根；怕强光直射，喜半阴环境，冬季要保证光照充足；苗期需要修剪，苗高 6 cm 左右时进行摘心，促进分枝，保证株型紧凑；生长期保持肥水充足，2～3 周施肥 1 次。注意防止小叶蛾为害。

17 天津市某同志问：水仙开花需要注意什么问题？

北京市农林科学院蔬菜研究所 高级工程师（教授级）周涤答：

主要注意温度和光照。控制在5～15℃，利于花蕾发育，同时控制叶片过快生长；给予充足的光照，应不少于5小时，不仅可以避免枝叶徒长，过多消耗养分，并且利于花蕾发育，花葶挺拔，不易倒伏，并延长花期。

第五部分 土肥

山东省网友"风雪之恋"问：腐熟的羊粪含水量控制在多少合适？

北京市农林科学院植物营养与资源环境研究所 研究员 张有山答：

腐熟的羊粪含水量在20%左右较为合适，适量的水分对保存养分有好处。含水量和发酵过程中的加水量有关。如果用一般的发酵方法（不加腐熟剂），发酵流程是粉碎、暴晒、掺水、装袋、密封后放在向阳背风地方让其自然发酵。发酵过程中加水，使羊粪含水量在60%左右，完成发酵后含水量下降至20%左右。发酵好的羊粪要密封装袋，否则过两个月左右含水量会下降至15%以下，肥效会减弱。含60%水的羊粪应是用手可握成团，落到地上可散开的状态。

 北京市大兴区某同志问：小番茄和水果黄瓜施用什么底肥？

北京市农林科学院蔬菜研究所 研究员 张宝海答：

腐熟的有机肥都可以，如牛粪、羊粪、猪粪、鸡粪等，还有豆粕、麻渣等。有的可以单独使用，有的需要两种以上有机肥搭配使用。粗肥可以多施，如牛粪、羊粪；精肥要适量施用，如禽粪、麻渣、豆饼。地方有"万斤有机肥、万斤产"之说。多施有机肥，且施用适当，不仅可以改良土壤，而且能为高产、优质奠定基础。

3 北京市通州区杜先生问：麦冬草适合施用什么肥料？

北京市农林科学院草业花卉与景观生态研究所 副研究员 田小霞答：

可以施用尿素，每亩 3 kg，施完尿素应及时浇水。尿素不能多施，多了会烧苗。

4 北京市大兴区某同志问：黄瓜缺钾症状有哪些？如何补钾？

北京市农林科学院植物营养与资源环境研究所 研究员 张有山答：

黄瓜缺钾首先表现在叶片上，即叶片边缘变黄，随着生长叶脉也逐渐变黄。植株矮化、节间变短，老叶受害严重，畸形果多。

补钾措施：在黄瓜整个生长过程中都需要钾肥，特别是在结瓜后，因此在施基肥时要掺钾肥。在管理上要保障阳光充足，适当控制氮肥用量（氮肥过多会影响对钾的吸收）。防止土壤过湿，可以提高黄瓜对钾的吸收能力。结瓜后若出现缺钾症状可每亩追施硫酸钾 2.5～4 kg，也可喷施 0.2%～0.3% 磷酸二氢钾水溶液 2～3 次。

5 北京市大兴区某同志问：黄瓜缺磷症状有哪些？补磷措施有哪些？

北京市农林科学院植物营养与资源环境研究所 研究员 张有山答：

1. 缺磷症状

（1）黄瓜缺磷症状一般先发生在老叶上。

（2）植株长势变弱，矮小，茎变细，叶变小，从老叶开始黄化或枯死。

（3）植株上部叶色浓绿、无光泽，老叶常常呈红色或紫色，植株下部叶片黄化。

（4）定植到露地后停止生长，叶色浓绿；后期叶面出现褐色斑点。

（5）果实成熟晚。

2. 发生原因

土壤含磷少，有机肥施用得较少，地温低影响对磷的吸收。

3. 补磷措施

黄瓜对缺磷非常敏感，特别在苗期。苗床土壤含磷量应在 30 mg/100 g 土以上。大棚土壤要施足有机肥，在有机肥发酵时可掺过磷酸钙，提高磷肥利用率；防止土壤酸化，如土壤 pH 小于 6，在整地时每亩可施 30～40 kg 石灰。若生长期间发现缺磷症状，可喷 0.2%～0.3% 磷酸二氢钾或 0.5% 过磷酸钙水溶液 2～3 次。在黄瓜定植后土温要保持在 15 ℃ 以上。

6 北京市丰台区某先生问：大棚蔬菜土壤盐害产生的原因及防治对策有哪些？

北京市农林科学院植物营养与资源环境研究所 研究员 张有山答：

1. 盐害产生原因

（1）大棚蔬菜的施肥量远多于露地，其中一部分被蔬菜吸收，大部分残留在土壤中导致盐类积累；

（2）大棚为封闭式环境，不受降雨影响，土壤水分向下移动少，肥料不易被淋湿，反而土壤水分上升运动较强，加速了盐分向土壤表层聚集，使根层土壤盐分浓度增加。

2. 防治办法

（1）科学施肥，根据土壤肥力、蔬菜种类的需肥量和化肥利用率确定施肥量，控制施肥总量。施肥采取少量多次的方式，防止一次施肥过量。若有条件可采取化肥和有机肥配合施用。在化肥的选择上，尽量不用硝酸铵和氯化钾。长效或缓效化肥可避免速效性肥料在短期内盐类浓度急剧升高，可采取速效肥和缓效肥配合施用。

（2）撤膜接雨淋盐或灌水压盐，雨季时可把膜揭开接雨淋盐；也可采取灌水压盐，使水层保持 3～5 天，若能把水排走，那么洗盐效果更好。

（3）合理轮作，多年连续种菜的土壤出现盐害时可采用与高粱、玉米等耐盐、根系深的作物轮作，有利于降低土壤盐分。

7 北京市房山区某同志问：什么是微量元素肥料？常用的有哪些？

北京市农林科学院植物营养与资源环境研究所 研究员 张有山答：

作物营养元素分为大量、中量和微量元素3种。大量元素有氮、磷、钾等，中量元素有钙、镁、硫等。微量元素是指土壤中含量很低的化学元素，一般为百万分之几，常用ppm表示。微量元素和大量、中量元素一样，是作物不可缺少的营养元素，一旦缺乏就会影响作物的正常生长。常用的微量元素有硼（硼砂、硼酸）、铁（硫酸亚铁）、锌（硫酸锌）、锰（硫酸锰）、铜（硫酸铜）、钼（钼酸钠、钼酸铵）等。

微量元素肥料可以单独用，如用于喷施、种子处理，也可以与中量元素、大量元素混用，但要注意它们之间的相互作用产生的反应，如锌肥就不能和磷肥混用，因为二者之间会产生拮抗作用，降低肥效。

8 北京市大兴区某同志问：什么是铵态氮肥，怎样合理使用？

北京市农林科学院植物营养与资源环境研究所 研究员 张有山答：

氮肥的种类很多，一般分为铵态氮肥、硝态氮肥和酰胺态氮肥3种。只要肥料中的氮素以铵离子或气态氨的形态存在，就属于铵态氮肥一类，如液体氨、氨水、碳酸氢铵、硫酸铵和氯化铵等。

使用铵态氮肥应注意以下几个方面。

（1）铵态氮肥都易溶于水，可被作物直接利用，属于速效性肥料，在作物需肥时可及时追肥，不宜提前追肥。

（2）铵态氮可被土壤吸附，移动性小，不易流失，比硝态氮肥效长，既可用作追肥，也可用作基肥。

（3）铵态氮在碱性条件下易分解，分解后释放出氨气而导致挥发损失，因此不能与碱性肥料混用，如碳酸盐肥料、草木灰等，在储存、运输中也不能与碱性肥料混装。

（4）在通气良好的土壤中，铵态氮在土壤微生物作用下可转化为硝态氮，增加氮的移动性，利于作物吸收，但在淋溶条件下也易造成氮的淋失，故地表不宜长时间存水。

9 北京市房山区某同志问：什么是硝态氮肥，怎样合理使用？

北京市农林科学院植物营养与资源环境研究所 研究员 张有山答：

凡是含有硝酸根的氮肥均属于硝态氮肥，如硝酸钠、硝酸钾等。硝酸铵肥因其中的铵态氮、硝态氮各占一半，故一般不称其为硝态氮肥，但从广义上讲其仍属于硝态氮肥，且常作为硝态氮肥的代表。

硝态氮肥在使用时要注意以下几个方面。

（1）硝态氮肥都易溶于水、易吸潮，雨季湿度大时能化为液体，因此保存时要防潮。

（2）因其硝酸根带有负电荷，不能被带有负电荷的土粒吸附，因此只能存在于土壤溶液中，并随水分而移动，在灌溉或下雨时容易被移到土壤深层而造成损失，故灌溉时水量不要太大，也不适用于水稻。

（3）在土壤淹水或嫌气条件下易发生反硝化反应产生氨气而造成损失。

（4）硝态氮肥易燃易爆，储存、运输时要注意安全。

10 北京市顺义区某同志问：如何提高氮肥利用率？

北京市农林科学院植物营养与资源环境研究所 研究员 张有山答：

（1）在农艺方面：深施覆土、配方施肥、水肥耦合、因土施肥、因作物施肥，减少施肥盲目性，减少挥发和淋失。

（2）在工艺方面：碳铵改性，生产长效碳铵；采用涂层技术，生产涂层尿素；生产缓控释尿素，延长氮素释放期，实现作物吸氮与氮素释放同步。

第六部分 食用菌

1. 河北省石家庄市网友"永成"问：杏鲍菇实体腐烂了，如何避免？

北京市农林科学院植物保护研究所 研究员 陈文良答：

从图片看，杏鲍菇实体是被毛霉菌污染了，腐烂的部位是被细菌侵染了。这是由于子实体含水量大，没有散发水分，采收后气温高，又用塑料薄膜覆盖所致。

建议采取以下措施。

（1）杏鲍菇采收之前不要喷水，采收后及时通风，散发水分，使其含水量下降至80%以下，再储存运输。这一过程中也不要覆盖塑料薄膜，保持通风换气，这样杂菌不易发生。

（2）在杏鲍菇采收前，或者在储存运输过程中，使用必洁仕二氧化氯消毒剂5000倍液喷雾，能够起到保护子实体的作用，使其不被杂菌侵染出现腐烂。

第六部分 食用菌

2 陕西省汉中市网友"有梦一起来"问：金耳被什么杂菌侵染了？怎样防治？

北京市农林科学院植物保护研究所 研究员 陈文良答：

从图片看，金耳是被木霉菌侵染了。

在防治上，先把污染的菌落刮干净；然后用必洁仕二氧化氯消毒剂 3000 倍液喷雾防治，每周喷一次。

3 江西省种植户问：黑鸡枞菌被什么杂菌侵染了？如何防治？

北京市农林科学院植物保护研究所 研究员 陈文良答：

从图片看，黑鸡枞菌是被木霉菌侵染了，防治方法如下。

（1）加强通风换气，土壤含水量不要过高，控制在45%～60%。

（2）控制大棚温度：菌丝体阶段温度控制在20～25℃，子实体阶段温度控制在16～20℃，温度不宜过高。

（3）彻底铲除污染源，避免继续被侵染。

（4）用必洁仕二氧化氯消毒剂3000倍液喷雾防治，每周喷一次，连续2～3次。病灶处清除后要适当多喷雾。

4 江西省张先生问：香菇菌袋被污染了，如何防治？

北京市农林科学院植物保护研究所 研究员 陈文良答：

菌袋是被木霉菌和毛霉菌污染了，建议从以下几个方面进行防治。

（1）将被污染的香菇菌袋拿出菇房处理（深埋或烧毁），避

免杂菌继续在菇房内蔓延;

(2)菇房加强通风换气,将大棚前的塑料布掀起来,防止由于大棚温度过高和相对湿度过大造成菌袋污染;

(3)发现香菇菌袋被污染后,及时用必洁仕二氧化氯消毒剂3000倍液喷雾防治。每周喷一次。

5 河北省承德市张先生问:香菇菌丝生长慢?如何解决?

北京市农林科学院植物保护研究所 研究员 陈文良答:

香菇菌丝生长慢,有多种原因,如菌袋含水量过高、菌种生活力不强、大棚内温度偏低、菌袋被杂菌污染等。

通过交流可知大棚温度为20 ℃以上,培养温度是适宜的;从图片看,可能是由菌种生活力不强造成。此外,有的菌袋被木霉菌、毛霉菌等杂菌污染,也是导致菌丝生长不快的因素。

建议加强大棚通风换气,使用必洁仕二氧化氯消毒剂3000倍液喷雾防治杂菌,促进香菇菌丝的生长。

内蒙古自治区某同志问：羊肚菌土壤被污染了，怎么办？

北京市农林科学院植物保护研究所 研究员 陈文良答：

羊肚菌土壤被污染的原因很多，如菌袋含水量过高、菌袋消毒不彻底、菌袋带有杂菌、菌种质量差、管理措施不到位等多种原因，都可能导致菌袋污染和土壤污染。根据描述，可能是在种植羊肚菌的土地上浇水过多，使土壤含水量过高、羊肚菌菌丝不发菌导致了污染。

 广西壮族自治区网友"凯荣"问：猪肚菌被污染了，怎么防治？

第六部分 食用菌

北京市农林科学院植物保护研究所 研究员 陈文良答：

猪肚菌菌床被木霉菌、毛霉菌、链孢霉菌和黑根霉等多种杂菌污染了，需要及时防治，防治方法如下。

（1）将污染的菌料及其附近土壤深埋，污染处撒上生石灰，避免杂菌扩大传染；

（2）菇房加强通风换气，降低空气相对湿度；

（3）在出菇情况下，用必洁仕二氧化氯消毒剂5000倍液喷雾防治，重点喷土壤，每周喷一次，直到控制住杂菌为止。

8 吉林省张先生问：部分黑木耳菌袋被杂菌污染了，怎么控制污染？

北京市农林科学院植物保护研究所 研究员 陈文良答：

建议采取下列方法，控制杂菌污染。

（1）将污染严重的黑木耳菌袋拿出菇房处理，避免杂菌继续在菇房内蔓延。

（2）加大通风换气，防止大棚温度过高和相对湿度过大。

（3）地面有杂菌污染的，可以撒上生石灰。出耳大棚应用必洁仕二氧化氯消毒剂3000倍液喷雾消毒，防止杂菌滋生蔓延。喷雾时，向空中和地面喷，尽量不要喷到菌袋和子实体上面。

9 山东省冠县赵先生问：部分灵芝菌袋被污染了，是什么原因，如何控制污染，如何防治？

北京市农林科学院植物保护研究所 研究员 陈文良答：

从图片看，主要是被木霉菌和毛霉菌污染了。污染的主要原因：菌料太细，不利于灵芝菌丝萌发；菌袋热力消毒时间不够；菌袋存在微孔；接种前没有熏蒸消毒；接种后，菌袋码放不规范，通风换气不力等多种因素导致菌袋污染。目前只是部分菌袋污染，可以防治。

建议培养菌袋的大棚，采取下列措施进行防治。

（1）将被污染的菌袋移出菇房处理，避免杂菌继续传染。

（2）菌袋一定要码放规范，码放成一字型菌垛，便于管理。菇房要加强通风换气，降低温度和空气相对湿度。培养温度保持 22~25 ℃；相对湿度保持在 70% 以下，大棚不要喷水。

（3）大棚菇房用必洁仕二氧化氯消毒剂 3000 倍液喷雾防治杂菌，每周喷一次。

10 贵州省杨先生问：种植的平菇发现有小菇和死菇，这是什么原因，如何防治？

北京市农林科学院植物保护研究所 研究员 陈文良答：

从图片看，平菇菌袋是被毛霉菌污染了。要想真正减少污染，要从多个方面做起。当前可以从以下几个方面防治：淘汰污染菌袋并移出菇房，避免继续侵染其他菌袋；菇房喷施必洁仕二氧化氯消毒剂 3000 倍液防治杂菌；不要往菌袋上直接喷水；加强通风换气管理，保持正常的温度和空气相对湿度。这些措施，能够减少污染，减少小菇和死菇。

黑龙江省佳木斯市种植户问：大棚种植灵芝被杂菌污染了，如何防治？

北京市农林科学院植物保护研究所 研究员 陈文良答：

从图片看，灵芝是被木霉菌污染了，防治方法如下。

（1）加强通风换气，不要闷棚。

（2）控制大棚温度：不要阳光直射，子实体阶段温度控制在25℃左右，不宜过高。

（3）彻底铲除污染源，将污染袋移出菇房销毁，避免继续被侵染。

（4）用必洁仕二氧化氯消毒剂3000倍液喷雾防治，7天喷1次，连续2～3次。

12 北京市顺义区石先生问：玉米棒适合种植哪些品种的食用菌？

北京市农林科学院植物保护研究所 研究员 陈文良答：

如果只用玉米芯，不加入其他原料，主要用来种植平菇和金针菇。

如果玉米芯加入棉籽壳、木屑等原料，可以种植平菇、金针菇、香菇、草菇、黑木耳、杏鲍菇、真姬菇、猴头菇、灰树花等多种食用菌。

建议加入棉籽壳、木屑和辅料（麦麸、蔗糖、石膏粉等）原料混合使用，以便提高栽培原料质量。

第七部分
畜牧

（一）家畜

第七部分　畜牧

 北京市房山区网友"环保是对地球的慈善"问：绵羊母羊全身发红是什么病？

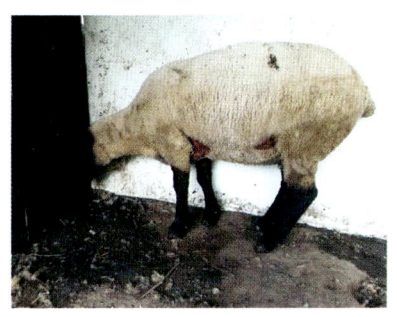

北京市农林科学院畜牧兽医研究所　兽医技术员　赵际成答：

从图片看，像是得了皮肤病，可能和圈舍潮湿有关，但是不能确定是细菌、真菌，还是螨虫所致，需要现场诊断。建议先用红霉素软膏涂抹患处，使用几天观察效果。如果效果不明显，建议用林可霉素加甲硝唑按1∶1比例混合后擦洗患处，每天两次，擦洗后再用鱼石脂软膏涂抹患处。如果效果还不理想，建议口服酮康唑（按照成人剂量），同时使用派瑞松软膏涂抹患处。3种方法不能同时使用。

另外，因为不能确定是否有螨虫，建议仔细观察羊有没有瘙痒症状。如果有，要考虑螨虫的可能。治疗螨虫，可以将双甲脒10 mL兑5 kg水药浴。隔1周做1次药浴，至少3次。

2 北京市房山区网友问：小羊眼睛上结痂了，是怎么回事？

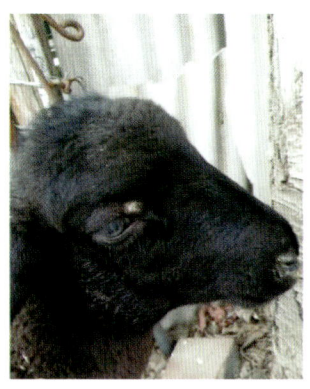

北京市农林科学院畜牧兽医研究所 兽医技术员 赵际成答：

从图片看，应该是蚊虫叮咬以后的结痂。牛、羊、犬等动物到了夏季，无毛区域血管丰富、没有脂肪，是蚊子最爱叮咬的地方，如果动物能勤驱赶就不会出现问题，有些动物晚上吃完草料不爱动，就会被蚊子在鼻镜、眼睑等地方叮咬。

有时候螨虫喜欢在眼睛区域寄生，也会出现结痂，但螨虫寄生往往会成片，或者有两个以上病灶区。可以仔细观察一下，看看羊的耳朵里、眼睑周围或毛根处有没有这样的结痂。螨虫不仅会在无毛区域寄生，还会在被毛较多的地方寄生，与蚊虫存在明显区别。

北京市大兴区刘先生问：发现羊身上有大片发红裸露的伤口，原因不明，这是什么问题？

北京市农林科学院畜牧兽医研究所 兽医技术员 赵际成答：

从图片看，可能是羊因为皮肤发痒等不适而蹭伤。可先用碘酊对伤口进行消毒，注意观察是否加重。目前仅是表皮损伤，不严重，要注意找到问题原因。如果伤势加重，建议尽快找当地兽医处理。

 北京市房山区网友"环保是对地球的慈善"问：羊得了乳房炎后长蛆了，该怎么办？

 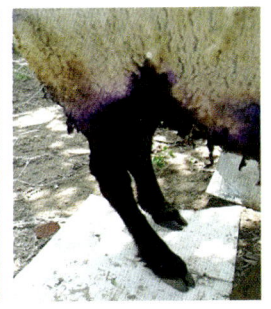

北京市农林科学院畜牧兽医研究所 兽医技术员 赵际成答：

用高锰酸钾水清洗，把腐败组织清理干净。腐败组织清理干净才会长新组织。要注意卫生，把病灶周围的被毛全部剃除。清洗完成后用碘酊消毒，每天清洗一次，用碘酊消毒一次。若能买到消炎粉，清洗后先撒消炎粉，消炎粉完全吸收后，再用碘酊消毒病灶。

5 北京市平谷区某同志问：奶牛泌乳盛期的饲养管理要点是什么？

北京市农林科学院畜牧兽医研究所 副研究员 初芹答：

奶牛泌乳盛期是产后3~9周，产奶高峰期。

（1）日粮增加营养。奶牛泌乳盛期可在正常饲养标准规定的营养水平基础上，增加15%~25%的精料，能充分发挥奶牛的泌乳能力。

（2）记录每天产奶量，根据产奶量及时调整精料的饲喂量。

（3）乳房保养。每次挤奶后进行按摩和热敷，切忌粗暴挤奶。观察奶牛发情情况。母牛分娩后4~6周产道恢复，进入发情期。做好记录，及时配种。

6 北京市房山区某同志问：饲养肉牛，喂养什么粗料比较好？

北京市农林科学院畜牧兽医研究所 副研究员 初芹答：

肉牛饲养中，一般将粗纤维含量较高的干草类、农副产品类（如秸秆）统称为粗饲料。粗饲料的选择可以综合考虑来源、成本、营养价值、适口性和消化率等。如果比较蛋白质含量，豆科干草优于禾本科干草，干草优于农副产品。玉米带穗青贮，即在玉米乳熟后期收割，将茎叶和玉米穗整株切碎进行青贮，这样可以最大限度地保存蛋白、碳水化合物和维生素，具有较高营养价值和良好的适口性，是牛的优质饲料。青贮牧草、花生秧等也属于上等粗饲料。此外，酒糟也可以用来饲喂肉牛，除了含有丰富的粗蛋白外，还含有多种微量元素、维生素、酵母菌等，这些是农作物秸秆所不能提供的。因此，用酒糟来喂肉牛，牛肉的品质要比只饲喂农作物秸秆要好很多。

（二）家禽

第七部分 畜牧

7 北京市东城区某同志问：市面上购买的鸡蛋蛋黄发红，是不是有问题？

北京市农林科学院畜牧兽医研究所 副研究员 初芹答：

鸡蛋蛋黄颜色的深浅与鸡的品种和吃的饲料有关。正常情况下，蛋黄的颜色一般是呈金黄色、橘黄色，有时候也会出现微微发红的情况。当然，不排除一些养殖场非法或超规使用色素类添加剂，如饲料中添加过多色素类添加剂，会导致鸡蛋呈深红色。建议购买鸡蛋选择有保障的厂家，不要随意购买。

8 北京市通州区某同志问：种植的樱桃树下可以养鸡吗？

北京市农林科学院畜牧兽医研究所 研究员 刘华贵答：

现在好多果树都是矮化密植的，树干比较矮，鸡容易到果树上面吃掉部分水果。有两种解决方案，要看是以养鸡为主，还是以种植果树为主，如果养鸡产生的价值比水果高，鸡吃点水果也是可以的。如果在意鸡吃水果，最好不养，或者樱桃采收完再养。

9 内蒙古自治区刘先生问：内蒙古地区可以养殖北京油鸡吗？

北京市农林科学院畜牧兽医研究所 研究员 刘华贵答：

内蒙古可以养殖北京油鸡，内蒙古的乌兰察布、通辽，以及呼和浩特周边地区等都有养殖。从全国看，内蒙古是养殖北京油鸡比较多的地区，但在冬天不建议散养，舍内养殖就可以了，或者入冬前把鸡淘汰。

10 北京市大兴区某同志问：林下养鸡成本高吗？

北京市农林科学院畜牧兽医研究所 研究员 刘华贵答：

养鸡只从成本方面讲，散养的成本比笼养的成本要高一些，散养鸡要跑动，运动量较大，增加了消耗，养到4个月，成本在40元左右，养到5个月，成本在50元左右，一个鸡蛋的成本在0.8～1.0元。散养鸡还受到温度等气候条件的影响，但是散养鸡产品的销售价格也会高一些。

11 北京市房山区柴先生问：北京油鸡初产蛋是否比其他阶段产的蛋的营养价值高？

北京市农林科学院畜牧兽医研究所 研究员 刘华贵答：

市面上有把初产蛋单独包装、出售的情况，价格比普通蛋高一些，但是从营养价值看，初产蛋与其他阶段产的蛋相比，不具备营养成分上的优势。

12 北京市顺义区某同志问：鸡葡萄球菌病有哪些症状？

北京市农林科学院畜牧兽医研究所 副研究员 初芹答：

鸡葡萄球菌病，是由葡萄球菌所引起的一种传染病，一般认为金黄色葡萄球菌是主要的致病菌。如果鸡群密度过大、拥挤，通风不良，鸡舍卫生条件差、空气污浊，饲料单一、缺乏维生素和矿物质，存在某些疾病等因素，均可促进鸡葡萄球菌病的发生和鸡出现死亡。该病临床表现可以急性或慢性发作，取决于侵入鸡体血液中的细菌数量、毒力和卫生状况。临床表现包括急性败血症、关节炎、雏鸡脐炎、皮肤坏死和骨膜炎。病理剖检变化：胸、腹部皮下有大量渗出液体及肌肉的出血性炎症；体表不同部位皮肤出血、坏死；病程稍长病例的肝、脾出现坏死灶；关节炎、雏鸡脐炎的病变；死胚病变；眼型、肺型的相应变化。实验室的细菌学检查是确诊本病的主要方法。

13 北京市大兴区某同志问：蛋鸡育雏期有什么注意事项？

北京市农林科学院畜牧兽医研究所 副研究员 初芹答：

（1）育雏舍提前消毒，消毒液清洗加清水冲洗加熏蒸消毒，鸡舍提前 2~3 天预温，雏鸡入舍前鸡舍温度应达到 33 ℃，湿度达到 60%；

（2）雏鸡到达后，尽快转入鸡舍内，喂水和开食，可适当增加水槽和喂料盘，观察雏鸡行为和嗉囊，对鸡舍温度、湿度、饮水和开食情况进行评估；

（3）第一天，可以在饮水中补充多种维生素或电解质，提高雏鸡的抵抗力；

（4）育雏阶段，按照品种要求进行温度、湿度和光照管理，及时根据雏鸡的生长调整养殖密度。

第八部分
水产

1 内蒙古自治区王先生问：鱼缸里有水锈似的杂菌，擦过换水后，过一段时间又长出来了，如何处理？

北京市农林科学院水产科学研究所 副研究员 徐绍刚答：

一般没什么好办法，定期擦就可以了，清道夫鱼可以清除一部分，也有人定期使用除苔剂，有一定效果。

2 北京市海淀区王先生问：鱼缸里硝化细菌放多了，长了好多菌落，会对鱼有影响吗，怎么处理？

北京市农林科学院水产科学研究所 副研究员 徐绍刚答：

硝化细菌一般不会有放多的情况出现，尤其是市场上卖的硝化细菌浓度很低，即使浓度很高，放入水体里如果不大量曝气，也会很快死亡。硝化细菌即使放多了，也不会对水体产生影响。

硝化细菌在水体内应该不会形成块状菌落，看到的菌落应该是水绵一类的水生植物，将鱼缸的灯关闭2~3天就会消除，也可以擦拭鱼缸、换水。

第八部分 水产

 北京市丰台区某同志问:我见过有人用葡萄直接投喂养鱼,使鱼肉的味道鲜美,脐橙或将脐橙二次加工成饲料,是否可以用于喂养?

北京市农林科学院水产科学研究所 副研究员 徐绍刚答:

没有见过用脐橙做饲料的报道,也没有见过有人用脐橙做饲料投喂鱼,不过脐橙和葡萄喂鱼的效果应该差不多,这两种水果都含有大量维生素 C,但是维生素 C 对改善鱼肉口感没有太大作用,也许是葡萄含有其他物质。因此,可以试着投喂脐橙,应该不会导致水体酸性,但鱼肉口感不知会有怎样的改善。

 北京市通州区吴女士问:想要调节鱼塘水质,应该怎么操作?

北京市农林科学院水产科学研究所 副研究员 徐绍刚答:

鱼塘调节水质的方法如下。

(1)隔一段时间加注适量新水,可以调节水质。

(2)放苗前搅动底泥,让底泥的有机质加快分解,可以调节水质。

(3)有鱼的池塘中午开增氧机,既搅动了底泥,又增加了水体溶氧,可以调节水质。

(4)夏季池塘氨氮含量高,可以投放底质改良剂或泼洒光合细菌等水质改良剂,以调节水质。

（5）夏季池塘水温高，池塘内鱼载量高时，可以减少投喂量，缓解水质恶化。

（6）有条件的地方，可以使用浮床栽培水生植物技术，让水生植物吸收水体内的氨氮，调节水质。

5 北京市房山区范女士问：大口黑鲈可以与鲤鱼、鲫鱼等淡水鱼混养吗？

北京市水产技术推广站 高级工程师 马立鸣答：

不建议鲤鱼、鲫鱼等淡水鱼和大口黑鲈进行混养。大口黑鲈为肉食性鱼类，混养状况下，如果品种间具有规格差异，会出现残杀现象。此外，大口黑鲈的人工配合饲料的蛋白含量高，价格高，在混养情况下投喂大口黑鲈饲料，势必会使鲤鱼、鲫鱼等其他低价值鱼类摄食高价值饲料，导致成本浪费，如果投喂鲤鱼、鲫鱼等饲料，则会极大影响大口黑鲈的正常生长。